通信技术专业系列教材

卫星通信系统 与技术基础

主　编　程　剑　蔡　君

副主编　张　剑　朱银霞　朱宏鹏

参　编　常　江　田　湘　胡　婧
　　　　张　洁　吕　晶

机械工业出版社

本书是一本专门介绍卫星通信系统与技术基础的教材,注重概念基础,结合卫星通信发展现状,系统性、模块化讲述卫星通信系统的组成及技术。主要内容包括:卫星通信概述、卫星通信系统组成、卫星通信链路设计、卫星通信传输技术、卫星通信多址接入与信道分配和军事卫星通信系统。

本书内容较丰富,突出概念基础,对系统组成介绍全面,系统论述了链路设计及计算方法,并介绍了卫星通信在国外军事中的应用情况。本书可作为通信技术专业及相关专业在线教育课程教材,也可为从事卫星通信工作的工程技术人员提供参考。

图书在版编目(CIP)数据

卫星通信系统与技术基础/程剑,蔡君主编. —北京:机械工业出版社,2020.9(2024.6重印)

通信技术专业系列教材

ISBN 978-7-111-66634-9

Ⅰ.①卫… Ⅱ.①程… ②蔡… Ⅲ.①卫星通信系统—高等学校—教材 Ⅳ.①V474.2

中国版本图书馆 CIP 数据核字(2020)第 183529 号

机械工业出版社(北京市百万庄大街 22 号 邮政编码 100037)
策划编辑:李 帅 责任编辑:李 帅 王玉鑫
责任校对:潘 蕊 封面设计:张 静
责任印制:常天培
北京中科印刷有限公司印刷
2024 年 6 月第 1 版第 5 次印刷
184mm×260mm · 11.5 印张 · 279 千字
标准书号:ISBN 978-7-111-66634-9
定价:33.00 元

电话服务 网络服务

客服电话:010-88361066 机 工 官 网:www.cmpbook.com
　　　　　010-88379833 机 工 官 博:weibo.com/cmp1952
　　　　　010-68326294 金 书 网:www.golden-book.com
封底无防伪标均为盗版 机工教育服务网:www.cmpedu.com

出版说明

    军队自学考试是经国家教育行政部门批准、对军队人员进行以学历继续教育为主的高等教育国家考试，是个人自学、院校助学和国家考试相结合的高等教育形式，同时，也是部队军事职业教育的重要组成部分。军队自学考试自1989年举办以来，培养了大批人才，为军队建设做出了积极贡献。随着国防和军队改革的稳步推进，在军委机关统一部署下，军队自学考试专业调整工作于2017年启动，此次调整中新增通信工程（本科）和通信技术（专科）两个专业，专业建设相关工作由陆军工程大学具体负责。

    陆军工程大学在通信、信息、计算机科学等领域经过数十年的建设和发展，形成了实力雄厚的师资队伍，拥有两个国家重点学科、两个军队重点学科和多个国家级教学科研平台、全军重点实验室及全军研究（培训）中心，取得了丰硕的教学科研成果。

    自承担通信工程（本科）和通信技术（专科）两个军队自学考试专业建设任务以来，陆军工程大学精心遴选教学骨干，组建教材建设团队，依据课程考试大纲编写了自建课程配套教材，并邀请军地高校、科研院所及基层部队相关领域专家、教授给予了大力指导。所建教材主要包括《现代通信网》《战术互联网》《通信电子线路》等17部。秉持"教育+网络"的理念，相关课程的在线教学资源也在同步建设中。

    衷心希望广大考生能够结合实际工作，不断探索适合自己的学习方法，充分利用课程教材及其他配套资源，努力学习，刻苦钻研，达到课程考试大纲规定的要求，顺利通过考试。同时也欢迎相关领域的学生和工程技术人员学习、参阅我们的系列教材。希望各位读者对我们的教材提出宝贵意见和建议，推动教材建设工作的持续改进。

陆军工程大学军队自学考试专业建设团队

2019年6月

前　言

卫星通信出现后，得到了迅速的发展，成了一种现代化的通信手段。与其他通信方式相比，卫星通信具有许多优点，在民用通信中得到了广泛应用。近年来，国内外由企业推动的商业航天发展迅速，随着可重复使用火箭技术的成熟，极大地降低了进入太空的费用；巨型低轨星座的发展带动了批量化卫星制造技术和发射技术的进步；软件定义卫星实现了卫星的在轨重构和升级，这些都给卫星通信带来了革命性的变化。同时，卫星通信在军事通信中的作用也日益突出，现代战争的信息化对军事通信卫星依赖程度越来越高，世界各军事强国都纷纷加快了军事卫星通信系统的发展步伐。目前，美、俄、英、法等国均拥有成体系的军事卫星通信系统。

本书主要是为通信技术专业及相关专业在线教育课程编写的，可作为选修课程人员的配套教材，也可为从事卫星通信工作的工程技术人员提供参考。本书注重概念基础，融入了编者多年教学、科研经验，结合卫星通信发展现状，系统性、模块化地讲述了卫星通信系统的组成及技术。

本书共6章：第1章主要介绍了卫星通信的基本概念、特点、应用、常用频段及发展历程等，简要介绍了卫星通信系统的组成，让读者建立对卫星通信的初步印象。第2章分空间段、地面段和控制段三部分，详细介绍了卫星通信系统的组成，在控制段中补充了卫星测控的有关知识，侧重系统组成的完整性。第3章讲述了卫星通信链路设计技术，详细介绍了信号传播损耗、天线指标、系统噪声的定义及计算方法，提供了完整的链路计算及分析方法。第4章讲述了卫星通信信道的特点，介绍了常用的卫星通信信源编码、调制技术、同步技术和扩频技术等传输技术。第5章讲述了常用的卫星通信多址接入技术及信道分配技术，对卫星通信网络结构进行了归纳；第6章收集整理了卫星通信在国外军事方面的应用情况，较系统地介绍了美国典型军事卫星通信系统，简要介绍了俄罗斯、英国、法国和意大利典型卫星通信系统。

本书由程剑、蔡君主编，其中第1章由程剑和张洁编写；第2章由田湘和蔡君编写；第3章由常江和吕晶编写；第4章由朱宏鹏编写；第5章由张剑和朱银霞编写；第6章由胡婧编写；附录由蔡君编写。朱银霞参与了全书的内容设计及筹划工作，蔡君负责全书统稿、润色、整理工作及出版联络事项。吕晶对全书编写工作提出了许多具体的宝贵意见和建议。

在本书编写过程中，得到了陆军工程大学相关领导及机关同志的大力帮助和指导，在此表示衷心的感谢！

卫星通信系统及技术覆盖面广，发展迅速，加上编者水平有限，书中可能存在疏漏或不当之处，敬请读者批评指正。

编　者

目　录

第1章

卫星通信概述

本章主要介绍卫星通信的基本概念、特点、应用、常用频段及发展历程等，简要介绍了卫星通信系统的组成，使读者建立起对卫星通信的初步印象。

1.1 卫星通信概念

卫星是指围绕行星在闭合轨道上运行的天然天体或人造天体，如月球就是地球的卫星。而通信卫星是在轨运行的人造地球卫星，它接收地球站的通信信号，对其进行放大和处理，随后将信号发送回地面，由一个或多个地球站接收。卫星自身既不是通信的源头也不是终点，而是一个有源传输中继，功能上类似于地面微波通信所采用的中继塔。

卫星通信是指地球上（包括地面、水中和低层大气中）的无线电通信站之间利用人造卫星作为中继站而进行的通信。由此可见，卫星通信是地面微波接力通信的继承和发展，是微波接力通信的一种特殊形式，是微波接力向太空的延伸。

卫星通信系统是指利用人造地球卫星在地球站之间进行通信的通信系统。图 1-1 中展示了一种典型的卫星

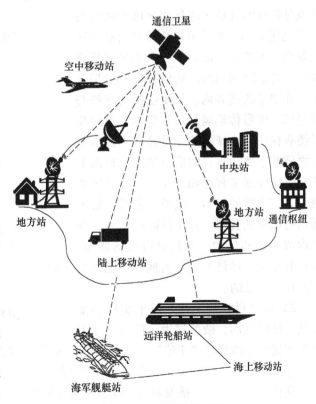

图 1-1 卫星通信示意图

1

通信系统，它只用了一颗通信卫星来覆盖全部地球站。各地球站天线均指向卫星，这样各站都可以通过卫星转发信号来进行通信。

地球卫星的轨道形状有椭圆形和圆形两种，地球的中心（简称地心）就处在椭圆的一个焦点或圆心上。按照轨道平面与赤道平面的夹角 i（称为轨道倾角）大小不同，地球卫星的轨道有赤道轨道（$i = 0°$）、极轨道（$i = 90°$）、倾斜轨道（$0° < i < 90°$ 或 $90° < i < 180°$）之分，如图 1-2 所示。若卫星的轨道是圆形且在赤道平面上、卫星离地面 35786.6km，其飞行方向与地球自转方向相同，则从地面上任何一点看去，卫星是静止不动的，这种对地静止的同步卫星简称为静止卫星。利用静止卫星作为中继的通信系统，称为静止卫星通信系统。

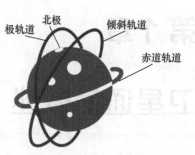

图 1-2　通信卫星的轨道

1.2　卫星通信特点

卫星通信在无线电通信的历史上写下了崭新的一页，成为一种现代化的通信手段之一。与其他通信方式相比，卫星通信有其独到之处。

1）通信距离远，建站成本与通信距离无关。实际上，地球静止卫星视区（从卫星"看到"的地球区域）可达全球表面积的 42.4%。原则上，只需三颗卫星适当配置，就可建立除地球两极附近地区以外的全球不间断通信（见图 1-3），低轨卫星移动通信星座还具备全球无缝覆盖能力。一个卫星通信系统中的各地球站间的通信信号依靠卫星连接，在卫星的视界内，只要这些地球站与卫星间的信号传输满足技术要求，通信质量便有保证。地球站的建设经费不因通信站之间的距离远近、两通信站之间地面上的自然条件恶劣程度而变化。这在远距离通信上，比微波接力、电缆、光缆、短波通信有明显的优势。除了国际通信外，在国内或区域通信中，尤其对边远的城市、农村和交通、经济不发达的地区，卫星通信是极其有效的。

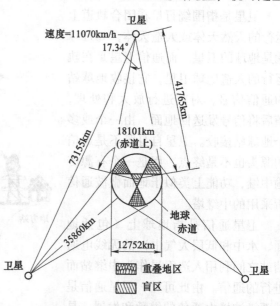

图 1-3　利用静止卫星建立全球通信

2）以广播方式工作，便于实现多址连接，组网灵活。微波接力、散射、地下电缆等通信手段都是"干线"或"点对点"通信。以微波接力为例，北京到武汉之间的通信线路，南京是不能直接利用的，除非增加北京到南京，或武汉到南京的微波接力线路。而卫星通信系统是一座广播发射台，在卫星天线波束的覆盖区域内，无论什么地方，地球站都可以收到卫星的广播，所有地球站的发射信号都可通过卫星广播给其他地球站实现相互间的通信，这种能同时实现多方向、多地点通信的能力，称为"多址连接"。这是卫星通信的突出优点，它为通信系统的组网提供了高效率和灵活性，可根据用户需要组成不同的网络结构，建站迅速，组网灵活。

3）通信容量大，传输业务类型多。卫星通信采用微波频段或激光频段，可供使用的频带宽，加上卫星平台功率和卫星转发器功率越来越高，随着新体制、新技术的不断发展，卫星通信容量越来越大，传输的业务类型越来越多样化。

4）可以自发自收进行监测。由于地球站以卫星为中继站，卫星将系统内所有地球站发来的信号转发回地面，因此进入地球站接收机的信号中，一般包含有本站发出的信号，从而可以监视本站发送信号的传输质量。

5）通信链路稳定可靠，传输质量高。卫星通信信号主要在大气层以外的自由空间传播，传播特性稳定，受气候、季节变化及自然灾害的影响较小。除卫星移动通信外，通信信道可认为是恒参信道。

当然，卫星通信也存在一些缺点：

1）星链路传输时延大：在静止卫星通信系统中，一个地球站发送信号经过卫星到达另一个地球站的传输时间约为0.27s。如果用户信号两次经过卫星，通信时延会达到0.54s，严重影响实时通信的效果，低轨卫星轨道低，传输时延影响要小很多。

2）卫星发射和星上通信载荷的成本高：星上元器件必须采用抗强辐射的宇航级元器件或对工业元器件进行加固处理，需要进行大量的寿命与可靠性试验，制造成本高。若其中一个元器件发生故障或损坏，就可能引起通信卫星的失效，导致整个卫星通信系统的瘫痪，而且一般低轨卫星和静止轨道卫星的寿命分别只有8年和15年左右。

3）卫星链路传输衰减大：由于卫星与地面距离远，电磁波在自由空间传播时损耗很大，为了保证通信质量，需要采用大功率发射机和高灵敏度接收设备，这些都依赖于先进的空间和电子技术。

4）卫星通信信号被截获风险大：通信信号通过卫星广播后覆盖范围大，覆盖区内任何地球站都可接收信号，存在信息被截获的风险。因此，在实际应用中要考虑信息加密处理，尤其在军事应用中，一定要重视对信息的加密保护。

此外，还有静止轨道卫星在两极附近存在盲区，在每年的春分和秋分时节存在日凌中断和星蚀现象，以及卫星通信系统与地面微波系统、地面移动通信系统间存在相互干扰问题，这些都会影响卫星通信系统的正常使用。

1.3　卫星通信系统

卫星通信系统的组成基本有三种分法，国内较早的卫星通信教材中将卫星通信系统分为四部分：空间分系统、地面分系统、监控管理分系统和遥测遥控指令分系统，也有根据系统所处的位置将其分为两部分即空间段和地面段。本书根据现有的卫星通信系统的运行特点，采用的是空间段、地面段和控制段三部分划分，如图1-4所示。

空间段包含一颗或多颗卫星，用于给地球站提供信号处理转发服务。

控制段包括测控分系统与运控分系统，用于控制、监测卫星并负责系统的运行管理。

地面段包含地面及空中所有固定和移动的地球站，是卫星通信系统的应用主体，卫星通信系统通过地面段和其他系统互连。在军事卫星通信系统中地面段的主要形式有：固定站、车载站、机载站、舰载站、背负站、手持站等。

图1-4中从地球站到卫星的链路称为上行链路，从卫星到地球站的链路称为下行链路，卫星之间的链路称为星间链路。所有链路可以是微波链路或激光链路。

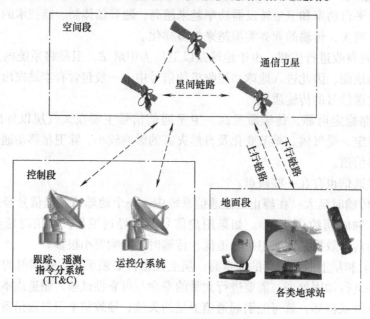

图1-4 卫星通信系统组成图

1.4 卫星通信应用

经过几十年的发展，卫星通信已得到广泛应用。基于国际电信联盟（ITU）《无线电规则》的划分规定，卫星通信中常用的几种业务包括卫星固定业务（FSS）、卫星移动业务（MSS）、卫星广播业务（BSS）和卫星星间业务（ISS）。

卫星固定业务：利用一颗或多颗卫星为给定位置的地球站之间提供无线电通信业务，该给定位置可以是一个指定的固定地点或指定地区内的任何一个固定点。

卫星移动业务：在移动地球站与一颗或多颗卫星之间，或是利用一颗或多颗卫星在移动地球站之间开展的通信业务。根据移动地球站类型的不同，在实际应用中可以认为卫星移动业务还包括卫星陆地移动业务、卫星水上移动业务和卫星航空移动业务等。

卫星广播业务：利用卫星发送或转发信号，以供公众直接接收（包括个体接收和集体接收）的通信业务。

卫星星间业务：在人造地球卫星间提供链路的无线电通信业务。

1.5 卫星通信常用频段

根据无线电频率波长的大小，人们对3Hz~300GHz范围内的频率进行了划分，如图1-5所示。

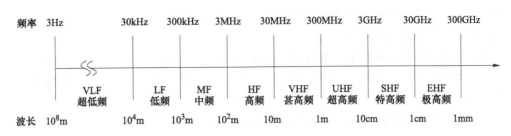

图 1-5 按照波长大小的频率划分图

这种划分是以波长的数量级变化来进行划分命名的。卫星通信频率使用微波频段或激光频段，选用的微波频段（300MHz~300GHz）范围涵盖超高频、特高频和极高频，主要原因是考虑到卫星处于外层空间（即在电离层之外），地面上发射的电磁波必须能穿透电离层才能到达卫星，同样，从卫星到地面上的电磁波也必须穿透电离层，而微波频段恰好具备这一条件。

图 1-5 中频段划分方法与卫星通信实际使用的具体频率不太对应，又有第二种划分方法，来源于 20 世纪 40 年代的雷达应用，如图 1-6 所示。

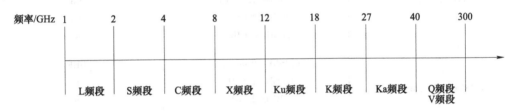

图 1-6 按照字母标记的频率划分图

有时，人们按照字母对频段进行标记划分时，没有严格遵守上述规则，会有一些跨界定义，如通常把 3.6~6.5GHz 定义为 C 频段，把 10.7~14.5GHz 定义为 Ku 频段，在实际使用时应加以注意。

对于具体的卫星通信系统，使用的频段选择受三个要素的约束：

1) 卫星通信系统提供的业务类型。

2) 卫星通信系统覆盖区域和用户位置。

3) 大气传播损耗的影响（见 3.3 节）。

国际电信联盟（ITU）负责全球的频率协同和使用规则制定，规定了各类卫星业务使用的频段。

卫星固定业务主要使用以下频段：

——上行链路约为 6GHz，下行链路约为 4GHz（简称为 6GHz/4GHz 或 C 频段）。这些频段的使用已趋于饱和，部分频段已被分配给地面 5G 移动通信系统使用。

——上行链路约为 8GHz，下行链路约为 7GHz（简称为 8GHz/7GHz 或 X 频段）。这些频段由主管部门之间的协议保留给政府部门使用。

——上行链路约为 14GHz，下行链路约为 12GHz（简称为 14GHz/12GHz 或 Ku 频段），是当前主要的使用频段。

——上行链路约为 30GHz，下行链路约为 20GHz（简称为 30GHz/20GHz 或 Ka 频段）。由于可用带宽较大，也是当前主要使用频段。

卫星移动业务主要使用以下频段：

——上行链路为 454~460MHz，下行链路为 400~401MHz（简称为 UHF 或超高频）。

——上行链路约为 1.6GHz，下行链路约为 1.5GHz，（简称为 L 频段），主要由海事卫星和全球星等系统使用。

——上行链路约为 2GHz，下行链路约为 2.2GHz（简称为 S 频段），我国的天通卫星使用该频段。

——较高的频率如 Ka 频段也被分配给卫星移动通信使用。

表 1-1 总结了频段分配和一些常用频段标记的对应关系。

表 1-1　频率分配

无线电通信业务	典型频段 上行/下行链路	频段标记
卫星固定业务（FSS）	6GHz/4GHz	C
	8GHz/7GHz	X
	14GHz/12~11GHz	Ku
	30GHz/20GHz	Ka
	50GHz/40GHz	V
卫星移动业务（MSS）	0.46GHz/0.4GHz	UHF
	1.6GHz/1.5GHz	L
	2GHz/2.2GHz	S
	30GHz/20GHz	Ka
卫星广播业务（BSS）	4GHz	C
	12GHz	Ku

对于同一种卫星业务，卫星通信系统覆盖区域的不同，频率使用规则也有所不同。为了进行频率复用和减少相互干扰，ITU 将全球划分为三个区域：Ⅰ区包括欧洲、非洲、苏联的亚洲部分、蒙古、伊朗西部边界以西的亚洲国家；Ⅱ区包括南/北美洲、格陵兰、夏威夷；Ⅲ区包括亚洲的其他部分、大洋洲。我国处于Ⅲ区。不同区域的无线电频率使用规则可以查看 ITU 的《无线电规则》等文件。

1.6　卫星通信发展历程

卫星通信具有许多优点，因此一出现后就得到迅速发展，在民用通信中得到广泛应用。同时，卫星通信在军事通信中的作用也日益突出，信息化的现代战争对军事通信卫星依赖程度越来越高。1991 年海湾战争，多国部队前线总指挥传送给五角大楼的战况有 90% 是经卫星传输的。在阿富汗战争中，卫星通信承担了 78% 以上的战区通信任务。美英联军能在伊拉克战争迅速取胜，卫星通信的决定性作用不可小觑。加上临时调用的商业卫星，当时共有 50 多颗卫星投入战争，大部分都是通信卫星。此后世界各强国都纷纷加快了军事卫星通信系统的发展步伐。目前，美、俄、英、法等国均拥有成体系的军事卫星通信系统。

1. 国外发展历程

早在 1945 年 10 月，英国空军雷达军官阿瑟·克拉克在《无线电世界》杂志上发表了《地球外的中继站》一文，最先对利用静止卫星进行通信提出了科学的设想。大约 20 年之后，这一设想变成了现实。

卫星通信的发展过程，大致经历了以下两个阶段：

（1）卫星通信的探索与试验阶段（1954~1964 年）

1）无源卫星通信试验。从 1954 年至 1964 年，美国曾先后利用月球、无源气球卫星、铜针无源偶极子带等作为中继站，进行了电话、电视传输试验，由于种种原因，接收到的信号质量不高，实用价值不大。

2）有源卫星通信试验。主要有：

① 低轨道试验通信卫星。苏联 1957 年成功发射了第一颗人造地球卫星伴侣号（Sputnik），卫星通信进入了试验阶段。1958 年 12 月，美国成功发射了通信卫星斯柯尔（SCORE），实现了人造卫星的首次语音通信，并转播了艾森豪威尔总统的圣诞祝福。

1960 年 10 月，美国国防部发射了信使（Courier）通信卫星，可以接收和转发 $3.6×10^5$ 个字符。

② 中、高轨道试验通信卫星。1962 年 6 月，美国航空宇航局用德尔它火箭把电星（Telstar）卫星送入 1060~4500km 的椭圆轨道；1963 年又发射另一颗，卫星重 170lb（1lb = 0.454kg），输出功率 3W，上行射频 6GHz，下行射频 4GHz，用于美、英、法、意、日之间电话、电视、传真及数据传输试验。

1962 年 12 月和 1964 年 1 月，美国航宇局又先后发射了"中继"卫星，进入 1270~8300km 的椭圆轨道，卫星重 172lb，发射机输出功率 10W，上、下行射频分别为 1.7GHz 和 4.2GHz。在美国、欧洲、南美洲之间进行了多次通信试验。

③同步轨道试验通信卫星。1963 年 7 月和 1964 年 8 月，美国航宇局先后发射三颗辛康姆（Syncom）卫星。第一颗未能进入预定轨道；第二颗则送入周期为 24h 的倾斜轨道，进行了通信试验；而最后一颗被射入近似圆形的静止同步轨道，成为世界上第一颗试验性静止通信卫星。利用它成功地进行了电话、电视和传真的传输试验，并在 1964 年秋用它向美国转播了在日本东京举行的奥林匹克运动会实况。至此，卫星通信的早期试验阶段基本结束。

（2）卫星通信的实用与发展阶段（1965 年至今）

1965 年 4 月，西方国家财团组成的"国际卫星通信组织"把第一代"国际通信卫星"（INTELSAT-I，简记为 IS-I，原名"晨鸟"）也是首颗商业实用型同步轨道通信卫星，射入静止同步轨道，正式承担国际通信业务。两周后，苏联也成功地发射了第一颗非同步通信卫星闪电一号（Molniya-1），进入倾角为 65°、远地点为 40000km、近地点为 500km 的准同步轨道（运行周期 12h），对其北方、西伯利亚、中亚地区提供电视、广播、传真和一些电话业务。这标志着卫星通信开始进入实用与提高、发展的新阶段。

1966 年 12 月，NASA 发射了应用技术卫星-1（AST-1）也是应用技术卫星系列的首颗卫星，它为卫星通信带来了许多个"第一"。AST-1 是首颗从同步轨道进行多址通信的卫星，AST-1 也有 VHF 链路用于评估经由卫星的空地通信。AST-1 还装有一个高分辨率相机，提供了第一幅由在轨卫星拍摄的地球全景图。到 1985 年卫星位置保持失效前，AST-1 一直在轨运行，为环太平洋地区提供 VHF 服务，在轨运行时间超过了其 3 年的设计寿命。

1972 年，加拿大通信公司成功发射了第一颗国内通信卫星阿尼克（Anik-1），率先开展了具备一定经济效益的国内卫星通信业务。

1975 年，美国通过卫星实现了美国到印度的直接广播试验，开启了卫星广播业务。

1976 年，美国第一代移动通信卫星 MARISAT 发射，开启了卫星移动业务。

1979 年，国际海事卫星通信组织 INMARSAT（现改称为国际海事卫星通信公司）成立，国际海事卫星通信系统是世界上第一个提供全球性的移动业务的卫星通信系统。

1984 年，日本实现了卫星广播直接入户通信业务。

1998 年，铱星系统开始建立，通过低轨卫星星座引入手机通信业务，非静止轨道卫星进入运行阶段，标志着新一代卫星移动通信系统进入实用。2010 年铱星公司开始启动第二代铱星星座计划，并于 2017 年分四批先期发射了 40 颗卫星。

2005 年，引入宽带个人通信，以 IPSTAR、Wildblue、Spaceway-3 为代表，用户的可用速率为 256kbit/s～5Mbit/s，大多数用户是个人消费者和小型企业，卫星通信采用 Ku 和 Ka 频段。

2008 年，首颗采用地基波束形成技术及辅助地面组件技术（ATC 技术）的静止轨道大型个人多媒体移动通信卫星——ICO-G1（后更名为 DBSD-G1）卫星升空，采用 250 个波束覆盖北美地区，可支持多种业务和协议。该卫星可以与地面基站和标准无线设备进行通信联系，建立星地一体的卫星通信系统，后续此类比较有代表性的还有 SkyTerra 及 TerreStar 等卫星通信系统。

2010 年，宽带接入卫星进入新时期，以美国、加拿大、法国、卢森堡和日本为代表的全球十多个国家的卫星运营商、DTH（直播到家）卫星电视运营商和卫星宽带服务提供商，发射了以 Viasat-2、Echostar-19 为代表的 40 多颗宽带大容量通信卫星。以 Viasat-2 卫星为例，目前用户的可用速率最高可达到 25～50Mbit/s，能够提供真正的视频多媒体互联网服务，卫星的容量达到 300Gbit/s，可满足 200 万～500 万用户的需求。

2013 年，宽带卫星通信业务开始由区域向全球拓展，以 O3b 卫星星座为代表，利用 16 颗中地球轨道卫星提供全球南北纬 45° 的宽带覆盖，其单星吞吐量达到 12Gbit/s，用户可用速率达到 500Mbit/s，时延仅为 140ms，可实现"光纤的速度、卫星的覆盖"。目前，正在开展建设的 Starlink 卫星系统，计划由近 42000 颗低轨卫星构成，其单星容量可达 1Tbit/s，用户速率不低于 1Gbit/s，系统建成后可实现全球（包括地球两极）宽带卫星个人业务。

2. 国内发展历程

我国卫星研制工作始于 20 世纪 50 年代末期，经过几代人的艰苦努力，取得了一系列重大成就。我国已经研制发展了四代通信卫星平台，正在向第五代迈进。走过了从探索到实践，从试验到实用，从国内到国际的道路。目前我国已形成了东方红三号、东方红四号卫星平台及型谱化产品，具有很强的可扩展性和载荷适应能力。同时，面向未来空间领域发展与卫星通信应用需求，相继开展了东方红四号 S 平台、东方红四号增强型平台、全电推平台和东方红五号平台的攻关研制。

（1）第一代通信卫星

1970 年 4 月 24 日中国发射第一颗人造地球卫星——东方红一号（DFH-1）成功发射升空，向太空播放"东方红"乐曲，完成了音频广播的重要试验任务，开创了中国空间事业新纪元。中国成为世界上第五个独立研制和发射人造地球卫星的国家。卫星运行 20 天后，电池耗尽。

（2）第二代通信卫星

第二代通信卫星包括东方红二号（DFH-2）和东方红二号甲。1984年4月8日东方红二号试验通信卫星发射成功，使我国成为继美国、苏联、欧空局和日本之后世界上第五个掌握研制和发射静止轨道通信卫星的国家。星上仪器工作良好，通信、广播和电视传输试验正常。从此，我国卫星通信业务由试验阶段进入试用阶段。1988~1990年研制发射了3颗东方红二号甲卫星，转发器容量和卫星寿命均有所提高，使中国的卫星通信和电视转播跨入一个新阶段，大大改变了边远地区收视难、通信难的状况，尤其促进了卫星电视教育的发展。

（3）第三代通信卫星

1997年5月成功发射的东方红三号（DFH-3）通信卫星是我国第三代通信卫星，主要用于电话、传真、电视等业务。这颗卫星也是中国第一颗面向全社会的商业卫星，星载24路转发器全部投入使用，标志着我国卫星通信业务由试用阶段进入应用阶段。

（4）第四代通信卫星

2006年10月，中国大容量通信卫星鑫诺二号（东方红四号卫星平台）发射。东方红四号卫星平台采用模块化、通用化、先进性和可扩展性的设计思想，具有容量大、功率大、承载能力强和服务寿命长等特点，可用于大容量广播通信、电视直播、数字音频广播和宽带多媒体等多种国民经济建设和国内外市场急需的业务类型。我国卫星通信业务由此从应用阶段进入全面发展阶段。我国通信卫星工程已达到国际先进水平，逐步迈入国际市场。

目前我国在轨运行的通信卫星主要包括中星系列通信卫星、亚太系列通信卫星、天通一号移动通信卫星以及天链系列数据中继卫星等，在经济、科技、文化、国防建设等各个领域取得了显著的社会和经济效益。

3. 发展趋势

多年来，在国际通信、国内通信、国防通信、移动通信、广播电视等领域，卫星通信迅速发展。与此同时，人们对卫星通信的新体制、新技术、新应用继续进行了广泛深入的研究和试验。

天基互联网与卫星物联网的发展为卫星通信开辟了新的应用空间。全球超过80%的陆地及95%以上的海洋，移动蜂窝网络都无法覆盖，基于静止轨道的高通量卫星进行互联网接入已很成熟，并已得到广泛应用，但传输时延大，通过低轨卫星星座建设天基互联网可以解决这一问题。目前，主要以商业航天的模式建设低轨卫星星座系统，国际上美国的商业航天起步最早、发展最快，OneWeb公司和SpaceX公司提出的低轨卫星星座最具代表性，已进入发射部署阶段。2019年2月28日，OneWeb发射首批6颗互联网卫星，拟打造弥合数字鸿沟的高速宽带太空互联网。2019年5月24日，埃隆·马斯克"星链计划"的第一批60颗卫星升空，最终目标是搭建一个由上万颗卫星组成的覆盖全球的巨型星座。

国内的国企和民企也提出了很多天基互联网和物联网星座发展计划。"鸿雁"全球卫星通信系统由中国航天科技集团公司提出，该系统具有全天候、全时段及在复杂地形条件下的实时双向通信能力，可为用户提供全球实时数据通信和综合信息服务。2018年12月29日，"鸿雁"星座首颗试验星发射成功，开展关键技术在轨试验，为后续的"鸿雁"星座的全面建设及运营提供有力支撑。"虹云"星座是中国航天科工集团公司提出的，旨在构建覆盖全球的低轨宽带通信卫星系统，在距离地面1000km的轨道上组网运行，以天基互联网接入能力为基础，融合低轨导航增强、多样化遥感，实现通、导、遥的信息一体化，构建一个星载宽带全球移动互连网络，实现网络无差别的全球覆盖。2018年12月22日，"虹云"星座首颗试验星发射成功，开展关键技术在轨试验。

国内外由企业推动的商业航天发展迅速，随着可重复使用火箭技术的成熟，极大地降低了进入太空的费用；巨型低轨星座的发展带动了批量化卫星制造技术和发射技术的进步；软件定义卫星实现了卫星的在轨重构和升级，这些都给卫星通信带来了革命性的变化。

卫星通信的未来必将进一步从"能用"到"好用"的发展，首先，利用卫星通信"全球覆盖"的独特优势，采用"通信手段 + 业务平台"相结合的模式，深耕广播通信、对地观测、遥感、导航、航海、航天、应急救援等垂直领域，巩固行业市场。其次，大容量、高速率的高通量卫星和低轨宽带星座的大力发展将改变卫星通信"带宽受限、价格昂贵"的劣势，降低应用成本，拓宽互联网应用市场。最后，6G很可能会是"人工智能+地面通信+卫星网络"，基于AI技术构建6G网络将是必然的选择，卫星通信将与地面通信相融合，成为下一代移动通信系统的重要组成部分，协同打造连通空、天、地、海多维空间的泛在网络，实现真正的空天地海智慧通信。

习 题

1. 结合日常观察，谈谈你对卫星通信的认识，它有哪些特点？
2. 简述卫星通信的系统组成。
3. 卫星通信为什么选用微波频段和光通信？有哪些常用的微波频段？
4. 卫星通信和其他通信方式（如微波、光纤）相比，有哪些不同？
5. 结合工作或日常生活，简要介绍一种卫星通信应用的事例。

第2章

卫星通信系统组成

本章详细介绍卫星通信系统的组成，包括空间段、地面段和控制段三部分。空间段主要介绍通信卫星的运行轨道和组成，地面段主要介绍地球站组成及相关指标，控制段介绍卫星测控及卫星运控两部分。

2.1 空间段

在卫星通信系统中，空间段主要是指通信卫星。卫星在空间飞行，受各种作用力的影响，其运动轨迹是一个复杂的曲线。我们通常将卫星的运动轨迹称为卫星轨道。

根据卫星各部分设备的功能，卫星可分为卫星平台和有效载荷两部分。卫星平台是指卫星结构本身及支持其正常工作的所有子系统，子系统包括舱体、电源、姿态轨道控制、推进、热控及测控。有效载荷是指用于提供业务（即发射卫星目的）的设备。一颗卫星可有多个载荷。对于通信卫星，有效载荷包含提供与地面上下行链路之间中继链路的通信设备，可进一步细分为通信天线和转发器。

2.1.1 轨道

如前所述，人造地球卫星轨道是指从卫星起飞、卫星正常运行工作，一直到卫星的寿命结束时，卫星质心的运行轨迹。广义上可分为发射轨道、转移轨道和运行轨道。我们此处介绍的卫星轨道专指卫星的运行轨道。

卫星轨道理论上可以有无数条，不同轨道的卫星系统在网络结构、通信方式、服务范围和系统投资等方面均有较大的差异。人造卫星与自然天体在万有引力场中的运动规律是类似的，因此轨道力学的很大一部分内容源自天文学中的天体力学。

下面介绍天体力学起源的奠基石——开普勒三定律。

2.1.1.1 开普勒三定律

17世纪，德国天文学家开普勒根据大量的观测数据，提出了绕太阳运行的行星的运动规律，实际上，开普勒在研究中受到吉尔伯特（William Gilbert，1544—1603）关于地球是一个磁体学说的启发，已经假定行星是受到磁力的推动而运动的。牛顿在其巨著《自然哲学的数学原理》中严格证明了太阳系中各天体是按照哥白尼学说和开普勒定律运动的，天体的轨道取决于相互间的万有引力。开普勒定律中就隐含了宇宙万有引力定律的信息。

开普勒定律适用于宇宙中任意两个通过引力相互作用的质点。两个质点中质量较重的称为"主体"，另一个称为"副体"，假设地球是质量均匀分布的理想球体，同时忽略太阳、月亮及其他天体与航天器对卫星的引力作用，我们在此定义主体为"地球"，副体为"卫星"。

（1）开普勒第一定律

开普勒第一定律也称为椭圆律，即卫星沿着以地心为一焦点的椭圆轨道运动，如图 2-1 所示。从第一定律可以知道：卫星运动的轨道是个椭圆；地心在椭圆的一个焦点上。

描述椭圆的形状和大小有两个参数——半长轴和偏心率。偏心率为椭圆焦距和长轴的比值。偏心率越大，椭圆越扁；偏心率为 0 时，轨道是圆形。

在这个椭圆轨道上有两个特殊点——远地点和近地点。远地点指离地心最远的点，近地点指离地心最近的点。近地点和远地点分别位于长轴的两端。根据解析几何知识，若已知轨道半长轴为 a，半焦距为 c，偏心率 $e=\dfrac{c}{a}$，则远地点长度为 $a(1+e)$，近地点长度为 $a(1-e)$。

同时可以获得卫星轨道平面的极坐标表达式，即

$$r=\frac{a(1-e^2)}{1+e\cos\theta} \tag{2-1}$$

式中，r 为极径；a 为半长轴；e 为偏心率；θ 为极角。相应的几何关系如图 2-1 所示。

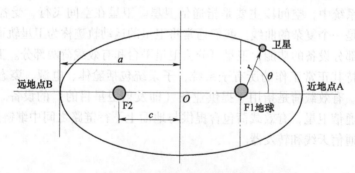

图 2-1 卫星运行椭圆轨道

（2）开普勒第二定律

开普勒第二定律也称为面积率，即卫星的位置矢量在相同时间内扫过的面积相等。如图 2-2 所示，经过相同的时间 Δt，卫星扫过的面积 $A_1=A_2=A_3$。

根据此定律，在椭圆轨道上的卫星做非匀速运动，很显然，在远地点时卫星运行速度最慢，在近地点时运行速度最快。卫星通信很多时候就是利用椭圆

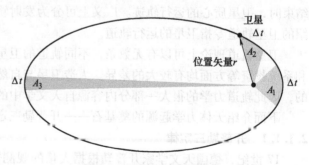

图 2-2 卫星运行椭圆轨道

轨道远地点时进行通信，以获得较长通信时间。

卫星运行瞬时速度和卫星当前的位置矢量的大小有关，已知轨道的长半轴与卫星当前位置的极径大小可以求得椭圆轨道上卫星的瞬时速度，即

$$v = \sqrt{\mu\left(\frac{2}{r} - \frac{1}{a}\right)} \tag{2-2}$$

式中，v 为速度；r 为极径；μ 为地球重力常数，常数值为 $3.986005 \times 10^{14} \mathrm{m}^3/\mathrm{s}^2$。

当卫星的轨道是圆形时，则运行速度大小处处相等，卫星具有恒定的瞬时速度。将 $a=r$ 代入上式可得

$$v = \sqrt{\frac{\mu}{r}} \tag{2-3}$$

（3）开普勒第三定律

开普勒第三定律也称为周期律，即卫星运转的周期 T 与轨道的半长轴 a 的 3/2 次方成正比。知道了半长轴 a 就可确定卫星的运转周期，卫星运行的周期 T 与半长轴 a 有如下关系：

$$T = \frac{2\pi}{\sqrt{\mu}} a^{3/2} \tag{2-4}$$

由此可见，地球卫星的轨道周期只与半长轴有关。半长轴越大，周期越长，平均速度越小；卫星的轨道周期与椭圆轨道的偏心率无关。相同半长轴、不同偏心率的两条轨道上的卫星，运行瞬时速度不相同，但平均速度相同，从而有相同的运动周期。

以上开普勒定律的成立是建立在卫星仅在地球引力作用下绕地球运动的假设之上，即为力学中的"二体问题"。二体问题仅仅考虑两个质点之间的万有引力作用，是迄今为止唯一得到严密解析解的 N 体问题。二体问题是许多实际问题的一阶近似，它的解与实际的物理状况非常接近，代表了人造卫星最主要的运动特性。绝大多数精确轨道理论都是以二体问题解中出现的函数作为基本函数，二体问题的解是轨道力学的基础。

开普勒三定律只刻画了卫星的运行轨迹、速度变化、周期等表面的运动学规律，而轨道的内在特性必须从动力学角度来衡量。牛顿在《自然哲学的数学原理》中首次提出并从动力学角度解决了二体问题（已知只受相互间万有引力的两个质点在某时刻的位置和速度，求此后任意时刻质点的位置和速度问题），本书中不做赘述。

2.1.1.2　经典轨道根数

为了确定卫星的具体位置，必须了解卫星轨道的表示方法。卫星某个时刻的位置可以用该时刻卫星的运动状态参数（位置与速度矢量）来表示，也可以用 6 个轨道根数来表示。轨道根数也称轨道要素，轨道根数与运动状态参数是刻画航天器运动最基本的两组变量，可以相互转换。

只有确定了参考基准，物体的运动和空间的位置描述才有意义，因此为了确定卫星在空间的位置和速度，必须首先定义参考坐标系。在本章的讨论中，我们承认牛顿关于质量的定义，以及关于绝对时间、绝对空间的假设。由于经典牛顿运动定律在惯性参考系下才成立，因此在卫星通信中描述卫星所在空间位置使用地心惯性坐标系（ECI，Earth Centered Inertial）。

坐标系有原点、正方向和单位长度 3 个要素，地心惯性坐标系原点为地心，xy 平面与

地球赤道面重合，z 轴与 xy 平面垂直指向北极方向，x 轴指向地球（标准历元时刻）春分点方向，y 轴由右手坐标系规则确定。地球在自转的同时围绕太阳公转，这个公转平面称为黄道平面。从地球上看，太阳沿黄道逆时针运动，其中太阳沿黄道从南向北通过赤道平面的点，称为春分点。ECI 坐标系随着地球绕太阳公转，但并不随着地球自转，即其 x 轴永远指向惯性空间同一方向。而换句话说，在地球上静止的点，在 ECI 坐标系中在转动。

对于卫星轨道而言，有多种轨道参数组合可用。经典轨道根数是最常用的一组，包括半长轴、偏心率、倾角、升交点赤经和近地点幅角等 6 个基本参数，如图 2-3 所示。

倾角是轨道面与赤道面间的夹角，从赤道面按逆时针旋转到轨道面进行度量，取值范围为 0°~180°，图中以角度 i 表示。由于存在倾角，卫星运行轨道上有升交点和降交点两个特殊点，升交点是指卫星以 $+z$ 轴方向（即从南到北）穿过赤道面的点。降交点是指卫星以 $-z$ 轴方向（即从北到南）穿过赤道面的点。

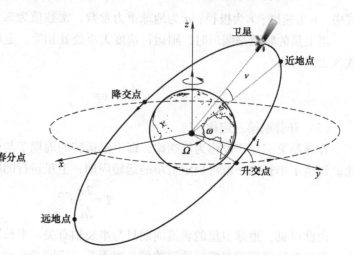

图 2-3　卫星运行轨道 6 参数

升交点赤经是由参考点（春分点）起到轨道升交点方向的夹角，逆时针方向度量为正，图中以角 Ω 表示。近地点幅角是从升交点到地心的连线与卫星近地点和地心连线的夹角，图中以角 ω 表示。真近点角是从地球中心测得的近地点与卫星位置的夹角，图中以角 ν 表示。Ω、ω 和 ν 的取值范围都为 0°~360°。

6 个经典轨道根数中，半长轴 a 和偏心率 e 这两个参数描述了轨道的大小和形状。倾角 i 和升交点赤经 Ω 确定了轨道面的空间方位。近地点幅角 ω 确定了轨道在轨道平面方位。真近点角 ν 确定了卫星在轨道上的位置。

在某些特殊的情况下（i 接近 0°或 180°，$e\rightarrow0$），有的经典轨道要素将难以确定，需要对相应要素作相应的替换。

2.1.1.3 轨道分类

卫星轨道与自然天体轨道的一个重要区别是卫星的运行轨道可以人为选择，而且运行过程中可以通过施加控制力加以改变。因此，根据特定的航天任务，选择最有利的运行轨道、制订最优的控制策略是航天任务中最重要的设计内容之一。

根据卫星的轨道参数，一般可按轨道偏心率、轨道高度、轨道倾角、卫星运转周期进行轨道分类。

1. 按轨道偏心率分类

轨道偏心率决定了轨道的形状。根据解析几何，$e>1$ 时为双曲线，$e=1$ 时是抛物线，$0<e<1$ 时为椭圆，$e=0$ 时为圆。闭合的卫星运行轨道可分为两大类：圆轨道（$e=0$）和椭圆轨道（$0<e<1$）。

2. 按轨道高度分类

在阐述轨道高度分类前，介绍一个相关的概念——范·阿伦辐射带。范·阿伦辐射带是 1958 年美国的第一颗人造卫星探索者 1 号发现的。由于项目的领导者是爱荷华大学的 James Van Allen，这条辐射带最终以他的名字命名。

范·阿伦辐射带分为内带和外带。内层辐射带由质子和电子的混合物组成，带电粒子的浓度约在 3700km 高度上达到峰值。外层辐射带主要由电子组成，带电粒子的浓度约在 18500km 高度上达到峰值。辐射带的辐射强度与在一年内的时间、地理纬度、地磁和太阳活动等因素有关。因具有较高的能量，带电粒子对卫星表现为强电磁辐射，其中的 α 粒子、质子和高能粒子穿透能力极强，会损坏卫星中一些精密的器件，引起卫星电子电路芯片的逻辑翻转及降低卫星太阳能阵列的发电效率。因此，在设计轨道时，要避开辐射带的影响，设定合适的轨道高度。

轨道高度定义为卫星轨道距地球表面最远的距离。根据此值可以将卫星轨道分为三大类，以 5000km 和 20000km 作为分界，分为低轨道、中轨道和高轨道。

实际由于近地表面的复杂大气环境以及范·阿伦辐射带的影响，LEO（低轨）轨道高度 ≤1500km，MEO（中轨）轨道高度在 5000~15000km 范围内，HEO（高轨）轨道高度>20000km。

由前述开普勒第三定律可知卫星运行周期只和半长轴有关，当运行周期与地球自转周期相同时，理论上轨道高度也有唯一确定的值与之对应，这种轨道称为地球同步轨道。若地球同步轨道的轨道面与赤道面重合，且卫星运行方向与地球自转方向一致，则卫星将始终处于赤道某点的上空，与地球表面保持相对静止，这样的卫星称为对地静止卫星，这种特殊的轨道称为地球静止轨道，也称为对地静止轨道（geostationary orbit），简称为 GEO。

根据开普勒第三定律，可求得 GEO 卫星的轨道半径。

地球自转周期为

$$T = 86164.09s$$

代入式（2-4），GEO 轨道半径为

$$R_s = \left(\frac{T\sqrt{\mu}}{2\pi} \right)^{\frac{2}{3}} = 42164km \tag{2-5}$$

因此，地球静止轨道的高度，即相对于地球表面的高度为

$$h_s = R_s - R_e = 42164km - 6378km = 35786km \tag{2-6}$$

地球静止轨道具有以下优点：①天线易于对准卫星，不需复杂的跟踪设备。②通信连续，不必频繁更换卫星；多普勒频移可忽略。③单颗 GEO 卫星可覆盖地球 42.2% 的面积，覆盖面积大。相应地，具有以下缺点：①发射及在轨监测技术复杂，成本高。②较大的传输损耗与传输时延。③两极附近有盲区。④有星蚀与日凌中断现象。⑤轨道资源有限。⑥战时易受敌方干扰或物理摧毁。

地球静止轨道属于高轨道（HEO）范畴，在早期卫星通信系统中广泛采用。中低轨道卫星最早应用在军事中，构建了侦察、预警、气象、全球定位等系统，后来广泛应用于民用卫星通信中，既有"铱"系统、Globalstar 等以电话和低速数据业务为主的移动卫星通信系统；也有如 Starlink 等以宽带接入为目的的宽带移动卫星通信系统；还有中低轨道的低速数据和传呼系统如 ORBCOMM、OmniTRACS 等。

中低轨道卫星具有以下优点：①每颗卫星造价低，发射方便且风险小。②传输损耗和时延较小。③卫星移动，数目多，可实现空间备份，抗干扰能力强。④频率复用能力强。⑤用户终端尺寸可以非常小。同时具有以下缺点：①单颗卫星的覆盖面积小，星座和网络控制复杂。②所需卫星数目多，多普勒频移和多径效应严重；总的投资较大。③单颗卫星的能力有限而且还要面临不断发展的地基武器的攻击。

总之，高中低轨道的特性不同使其各具不同优缺点，在进行卫星通信系统设计时，应充分考虑各项因素设计卫星轨道，采用合适的轨道高度。

3. 按轨道倾角分类

根据轨道倾角我们可以将卫星轨道进行分类，可分为三类：

第一类赤道轨道，倾角为0°或180°，此时轨道平面与赤道面重合。

第二类极轨道，倾角等于90°，轨道平面与赤道面垂直。

第三类倾斜轨道，即为倾角不为0°、90°或180°的其余轨道。当轨道倾角小于90°时，卫星运行自西向东，与地球自转方向相同，称为顺行轨道；轨道倾角大于90°时，卫星运行自东向西，与地球自转方向相反，称为逆行轨道。

倾斜椭圆轨道可以有多种轨道形式。在倾斜轨道中，有一种轨道有一个特殊的倾角，称为临界倾角，即63.4°（顺行）或116.6°（逆行）。对于高纬度（纬度高于70°）国家如俄罗斯、北欧国家、加拿大北部等，静止轨道卫星有极低的工作仰角或卫星视距不可见，无法提供高质量的通信服务。科学家们设计了一种特殊大椭圆轨道让卫星在远地点附近时进行通信，利用大偏心率设计获得远地点附近较小的运行速度，从而得到较长的境内覆盖时长。由于这个特殊的临界倾角设计可以使卫星轨道远地点一直冻结在高轨道附近，因此也被称为"冻结轨道"。

2.1.1.4　卫星摄动

前面描述人造地球卫星运动时，运动理想化为二体运动问题，而实际远比此复杂。我们将卫星运动的实际轨道不断发生不同程度地偏离开普勒定律所确定的理想轨道的现象称为摄动。相应的轨道称为摄动轨道或受摄开普勒轨道。虽然一般情况下，摄动力与中心引力相比非常小，但它们对航天器轨道的影响仍不可忽略。引起人造地球卫星摄动的原因有如下几个方面。

1）太阳、月球引力的影响。对于低高度卫星，地球引力占绝对优势，太阳、月亮引力的影响可忽略。对于高轨道卫星，地球引力虽仍是主要的，但太阳、月亮的引力已有一定的影响。以静止卫星为例，太阳和月亮对卫星的引力分别为地球引力的1/37和1/6800。这些力使卫星轨道位置矢径每天发生微小摆动，还使轨道倾角发生积累性的变化，其平均速率约为0.85°/年。从地球看去，这种摄动使"静止"卫星的位置主要在南北方向上缓慢地漂移。图2-4为地球、太阳和月亮轨道位置。

2）地球引力场不均匀的影响。由于地球并非理想的球体而是略呈椭球状，质量分布不均匀，且地表面起伏不平，造成存在与卫星的地心矢径相垂直的引力分

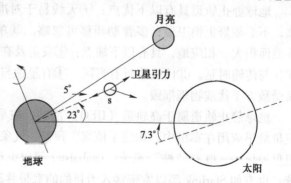

图2-4　地球、太阳和月亮轨道位置

量，它的作用会使卫星的实际运动偏离二体轨道，从而在轨道平面内产生摄动，也称为地球非球形摄动。对静止卫星而言，瞬时速度的起伏，将使它的位置在东西方向上漂移。显然，随着航天器地心距离的增大，地球非球形摄动的影响会减弱，因此当航天器的地心距离比地球半径大得多时，就可以用中心引力场来近似地球引力场。

3）地球大气层阻力的影响。卫星在地球高层大气中高速飞行时，会受到气动力的作用。气动力主要是阻力，作用方向与航天器相对于大气的速度方向相反。它将使卫星的机械能受到损耗，半长轴变小，偏心率减小，从而使轨道日渐缩小。气动力是决定低轨航天器轨道寿命的重要因素。轨道高度低于 200km 时，大气层阻力是最主要的摄动力。随着轨道高度的增加，大气层阻力的影响急剧减弱。当高度在 1000km 以上时，大气层阻力几乎可以忽略不计。

4）太阳辐射压力的影响。卫星运行在日照区将受到太阳辐射，在地球附近的空间，太阳电磁辐射平均强度约为 $1367W/m^2$。太阳光照射到卫星表面时，一部分光子被吸收，其余光子被反射，光子的动量传递给卫星，使卫星动量改变而引起轨道摄动。当轨道高度大于 800km 时，太阳光压摄动将超过大气阻力摄动。特别对那些面积质量比很大的卫星，光压会对轨道产生实质性的影响，在摄动分析中不可忽视。例如对于表面积较大（如带有大面积的太阳电池帆板）且定点精度要求高的静止卫星来说，就必须考虑太阳辐射压力引起的静止卫星在东西方向上的位置漂移。

上述四项摄动因素量级较大，一般不可忽略，其余还有潮汐摄动、地球形变摄动、地球反照辐射摄动、广义相对论效应摄动、小推力摄动等，量级相对较小，可根据精度要求选择是否考虑。

为了克服摄动的影响，在对地静止卫星通信系统中必须采取轨道控制技术进行轨道保持，使卫星位置的经、纬度误差值始终保持在允许的范围内；高轨通信卫星要尽量避免太阳、月球引力与太阳辐射压力等摄动的影响，提高长期轨道预报精度；对于低轨通信卫星而言，也要尽可能降低卫星面积质量比并适当采取轨道控制技术，克服地球非球形摄动、大气阻力摄动等摄动影响，延长轨道寿命，提高定轨精度，保证通信质量。

然而摄动现象对卫星而言并不总是有害的，例如可以利用地球非球形摄动设计太阳同步轨道或冻结轨道，以满足特殊的光照、观测以及通信要求。

2.1.2　平台

卫星平台是维持卫星正常工作的基础。卫星平台实际上就是除了有效载荷或有效载荷舱以外卫星的其余部分。

卫星平台不论安装什么有效载荷，其基本功能都是一致的，只是具体的技术性能有所差别。因此，世界上许多国家在卫星研制中，都采取卫星公用平台的设计思路，使卫星平台具有通用性，对应某个具体有效载荷时，卫星平台只需做少量适应性修改，从而缩短卫星研制周期，节省研制经费，提高卫星可靠性。近年来新兴的卫星模块化设计更进一步降低了卫星研制时间与资金成本，在小卫星研制上得到了广泛应用。

我国现已发展了 DFII-1、DFII-2、DFII-3、DFII-4 四代通信卫星平台，如图 2-5 所示，支持了 40 多颗通信卫星的研制，此外，还有一些小卫星平台。国外主流的卫星平台有 BSS-702（波音公司）、A2100（Lockheed Martin，洛马公司）等。

图 2-5　东方红系列通信卫星平台

卫星平台按其功能可以分为电源、姿态与轨道控制、热控、结构与机构以及测控与星务管理分系统，推进分系统也可从姿态与轨道控制分系统中单独分离出来。结构分系统主要任务是与火箭接口以及支撑所有其他分系统。测控分系统主要任务是接收地面站发来的指令、向地面测控站发送遥测信息以及进行测距，在后面卫星测控章节将进行详细阐述。下面对其他几个重要分系统进行简要介绍。

2.1.2.1　电源分系统

卫星在外层空间，其供电方式不能像地面设备一样通过市电供电，维持卫星电子设备正常工作的电能由电源分系统提供。电源分系统由太阳电池、化学电池及电池控制电路组成，如图 2-6 所示。电源分系统在整个卫星中占有 10%～20% 的比重。

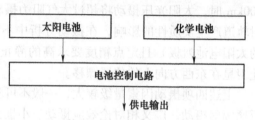

图 2-6　电源分系统组成

太阳电池分为帆板式和圆筒形，帆板式太阳电池通过传感器及控制电路，可使全部电池单元朝向太阳。圆筒形太阳电池也称贴片式太阳电池，任一时刻只有部分电池单元朝向太阳。前者可输出更大的功率。综合考虑成本及输出功率，要求输出功率在 2000W 以上时，采用帆板式太阳电池比圆筒形星体太阳电池更经济。单个电池只能产生少量的功率，因此需要使用电池阵列，完全展开占空间较大，因此，在发射过程中出于节省空间的目的进行套叠，入轨后展开。太阳至卫星的辐射密度平均为 1.4kW/m^2，太阳电池帆板的初始效率为 20%～25%，到使用末期会下降到 5%～10%，使用寿命通常认为是 15 年。自旋稳定卫星一般是圆筒形阵列，相较于三轴稳定的卫星，它需要携带更多的太阳能模块，因为在任何时刻，只有约 1/3 的太阳能阵列在阳光下。三轴稳定的卫星的矩形太阳电池帆板可以旋转调整一直对准太阳。

在发射和星蚀期间，太阳电池不能接收到太阳光而产生电能，此时，整个卫星所需量由化学电池提供。镍镉电池因为稳定性和使用寿命长，在卫星电池中使用得最为普遍，镍氢电池由于其功率重量比方面的优势，也被使用。锂离子电池相比其他种类空间用电池，具有电压高、高能量重量比、热效应小、自放电小、无记忆、模块化等优点，因此，相比传统应用的镍氢蓄电池可以大幅减重。

为了控制电池充电、进行功率调节和监视，电源子系统还包括一个功率调节单元。

2.1.2.2　姿态控制分系统

卫星的姿态是卫星方位在空间的指向。通信卫星正常工作需通信天线指向地面给定区域，太阳电池帆板指向太阳，由于太阳、月球引力，太阳辐射压力，陨石撞击等原因，使卫星姿态出现偏离。对于卫星通信，姿态控制的目的是确保方向性天线指向地球上合适的区域。

姿态控制首先需要进行姿态感知，通常使用地球传感器（或称水平探测器）和太阳传感器。地球传感器一般通过红外传感器探测地球的边缘，从而确定地心位置，进而发现卫星指向变化。

姿态控制有重力梯度稳定、自旋稳定和三轴稳定三种基本稳定方式。

绕地球运行的航天器各部分质量所受到的不相等引力等因素产生重力梯度力矩。重力梯度稳定就是利用重力梯度力矩来稳定航天器空间姿态的技术。该稳定系统能使航天器的纵轴指向地心，在 20 世纪 60 年代得到了广泛应用，优点是不消耗能量，系统结构简单、经济、可靠，适合于长期运行，然而指向精度较低，一般只能达到 1°~5°，目前鲜有使用。

自旋稳定通过星体以自身（质量）对称轴线按一定速度旋转，从而使该轴线保持在特定方向上。当自转轴需要调整时，通过喷嘴提供外力实现。为使定向通信天线保持指向地球，必须使用消旋机构使天线平台与卫星星体反向旋转。

许多卫星在飞行时要对其相互垂直的三个轴都进行控制，不允许任何一个轴产生超出规定值的转动和摆动，这种稳定方式称为卫星的三轴（姿态）稳定。以三个动量轮为例，分别以俯仰、偏航、滚动为轴旋转，则可实现三轴稳定，并可通过调整三者的转速，实现俯仰、偏航、滚动调整。目前，卫星基本上都采用三轴（姿态）稳定方式来控制，因为它适用于在各种轨道上运行、具有各种指向要求的卫星，也可用于卫星的返回、交会、对接及变轨等过程，如图 2-7 所示。

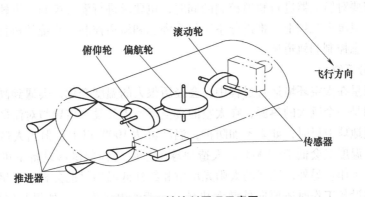

图 2-7 三轴控制原理示意图

实现卫星三轴姿态控制的系统一般由姿态敏感器、姿态控制器和姿态执行机构三部分组成。姿态敏感器的作用是敏感和测量卫星的姿态变化；姿态控制器的作用是把姿态敏感器送来的卫星姿态角变化值的信号，经过一系列的比较、处理，产生控制信号输送到姿态执行机构；姿态执行机构的作用是根据姿态控制器送来的控制信号产生力矩，使卫星姿态恢复到正确的位置。

三轴稳定方式姿态控制精度较高，通过电能调整动量轮旋转，节省有限的燃料；可采用太阳电池帆板，获得更大的输出功率；星体结构设计灵活，其形状、质量分布不受严格的限制。

2.1.2.3 轨道控制分系统

卫星入轨时，轨道控制分系统帮助卫星在星箭分离后进行轨道机动进入预定轨道，包括远地点机动、同步轨道捕获；卫星在轨时，为了克服卫星摄动现象（见2.1.1.4节）对卫星轨道的影响，轨道控制分系统对在轨卫星进行轨道调整、位置保持。

例如对于地球同步静止轨道卫星，如果不对摄动现象引起的卫星漂移进行纠正，漂移会发散导致更大的漂移，影响通信卫星的通信性能。

为抵消此漂移，要通过启动喷嘴以向卫星施加反向推动力，通常2~3星期进行一次。

每个频段要求的保持精度不一样，因此允许漂移的范围不同。C频段卫星必须保持在指定经度±0.1°、纬度±0.1°范围；对于Ku频段卫星，由于轨道间隔更小，须保持在±0.05°内。在静止轨道上对应的漂移区域的具体值被限制在如图2-8所示的两个长方体中。

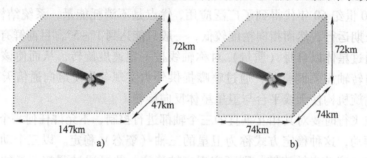

图2-8 静止轨道不同频段卫星在轨漂移空间示意图
a）C频段卫星在轨漂移区域 b）Ku频段卫星在轨漂移区域

值得一提的是，轨道控制与姿态控制密切相关。为了实现轨道控制，卫星姿态必须要符合要求，即当需要对航天器进行轨道控制的同时，也要求进行姿态控制。姿轨控一体化技术也经常被应用在卫星姿轨控上，推进分系统作为姿态和轨道控制分系统的执行部件统一完成卫星各阶段的姿态控制和轨道调整。

2.1.2.4 热控分系统

人造地球卫星在太空环境运行过程中，会经历很大的温度变化，会遇到高温和低温两种环境。因为太阳是一个巨大的热源，在太空的真空环境中又没有传导与对流散热，所以在太阳直接照射人造地球卫星时，如果不加防护，温度可达100℃以上；但当人造地球卫星进入地球阴影区后，温度又会低于-100℃。人造地球卫星内的各种仪器设备不可能在如此大的温差环境中正常工作。另外，地球的太阳光反射和红外低温辐射也会影响卫星温度；人造地球卫星内的仪器设备工作时还要向外散发热量。一般的电子设备，如果长时间工作在50℃以上的环境中就会产生故障，而化学电池等一些设备，如果在0℃以下工作其效率又会很低。卫星内的温度一般要保持在5~45℃的范围内，个别的仪器设备只允许在恒定的温度下有1~2℃的变化范围。

为此，热控（或叫温度控制）分系统的任务是：通过对星体内外的热交换进行控制，满足星上各分系统对热环境的要求，确保卫星上所有仪器、设备以及星体本身构件的环境温度都处在要求的温度范围之内。

对于通信卫星来说最重要的是：

1）维持电池温度在一个很窄的范围之内。

2）防止燃料冻结。

3）散发掉有效载荷中放大器TWTA所产生的大量的热。

通信卫星的热控制方法有被动式和主动式两种。

被动式热控制是依靠选取不同的热控材料，合理地控制卫星内外的热量交换过程，其优点是不需要消耗能量，只要在卫星的内外表面及仪器设备上采取相应的措施就能达到热控制的目的。可采用多层隔热、涂层和热管等方法。

主动式热控制很像一般的冷热空调，它是用主动加温或降温来达到热量的平衡，即热了吹冷气，冷了送热风。可采用百叶窗、电加热器、流体循环换热等方法。

在大多数的情况下，卫星一般采用被动和主动两种方式联合工作，以确保温度控制的可靠性和高效率。

2.1.2.5　星务管理分系统

星务管理分系统也称为星载计算机分系统，可与地面系统配合完成长期在轨管理工作，内容包括：

1）轨道管理（测轨、定轨、轨道机动、轨道预报、燃料管理等）。

2）卫星平台管理（姿态与动量保持、星载设备管理、特殊时期管理、异常情况处理等）。

3）有效载荷管理。

随着技术的不断发展，自动化、人工智能、软件定义等逐渐应用在星务管理设计中。星务管理分系统可自主完成星上任务模块的监测、控制、供电和保护等诸多功能，利用计算机赋予不同的任务模块，可完成不同的任务，因此可以实现可变结构的测量任务、控制任务、供电任务和保护任务，从而达到智能化的星务管理目的。星务管理分系统的应用既提高了整星自治能力、自动化和智能化水平，又分散了整星失误风险。从而，提高了整星的可靠性和运行功能的有效性。

2.1.3　有效载荷

有效载荷是指用于提供业务（即发射卫星目的）的设备。对于通信卫星而言，其有效载荷为通信天线和转发器。

2.1.3.1　通信天线

通信天线是卫星的"耳目"，主要作用是定向发射和接收无线电信号，衡量天线性能最重要的参数是天线增益、天线波束宽度和天线旁瓣。卫星天线需要"覆盖"特定的区域，较为复杂。

通信卫星天线有的固定安装在星体上；有的大型天线为展开式天线，火箭发射时天线处于收拢状态，待卫星入轨后解锁，依靠展开和锁紧机构将其展开至工作状态。

通信卫星天线种类较多，常用的通信天线有喇叭天线、反射面天线以及阵列天线。

早期的天线主要为线天线，当时通信卫星通信容量较小，以广播服务为主，服务范围较广，卫星的经济效益还不明显，对天线的要求并不高，以喇叭天线、振子天线为主。

当需要相对较宽的波束时，如 GEO 卫星的全球覆盖，采用喇叭天线。

随着商用通信卫星的起步发展，卫星通信容量逐渐增大，为提高天线增益和区域覆盖能力，反射面天线得到了快速发展。通过对反射面进行赋形优化设计，实现了对不同地区的灵活覆盖；同时引入机构组件使天线具有转动功能，实现了覆盖区的灵活机动扫描。如果需要更高的增益或更窄的波束宽度，必须使用反射面天线或阵列天线。

工作频率在10GHz以上的卫星系统，最常用的天线为抛物面反射天线。对于卫星通信天线，阵列天线的使用越来越受重视，阵列天线通过控制阵列天线中辐射单元的馈电相位来改变方向图的形状，无须用机械方法旋转天线。

线性偶极子天线也有使用，可以得到近乎全向的天线方向图，用于跟踪、遥测和遥控链路，不属于有效载荷部分。

与地球站所使用的天线相比，卫星天线由于需要"覆盖"特定的区域（将信号能量集中向特定区域发射或从特定区域接收信号），因此更为复杂。

按照天线波束的形状，将卫星通信天线分为三类。

第一类：全球波束天线——波束覆盖地球上的整个视区，一般采用波束宽度17°～18°的喇叭天线，相应的增益为15～18dB；第二类：点波束天线——覆盖一个很小的区域，覆盖角只需要几度，获得更高的增益，发射频率4GHz，波长7.5cm，用2m口径的天线，可得到2.6°的点波束，增益约为36.2dB；第三类：赋形波束天线——覆盖地球上的某一个特殊形状的区域，一般用一个波束形成网络来控制，也称区域波束天线。鑫诺二号Ku频段的天线，为中国各地区域所设计的赋形波束天线，天线增益可达27dB。

为了在不增加卫星承载能力的前提下进一步提升卫星通信容量或探测能力，空间天线有了阵列技术、多波束技术和大型可展开反射器技术等众多新技术。

阵列技术是指把许多线天线按照一定规律排布在一起，极大地提高了天线在收发电磁波信号时的抗干扰能力，提高了卫星的在轨可靠性。

多波束技术通过一副或多副天线形成数十个甚至数百个波束覆盖某一特定区域，通过卫星在地面上形成了类似地面移动通信领域的蜂窝网络，极大地提高了卫星的通信容量。

大型可展开反射器技术使天线随卫星发射前收拢成较小体积，卫星入轨后天线在地面指令控制下展开并形成一张巨大的天线网，为航天器天线的创意性和前瞻性设计提供了无限可能。采用了大型可展开反射器技术后，通信卫星可获得更高的通信容量。

2.1.3.2　转发器

通信卫星的转发器是一组接收、处理并重发信号的电子设备，是接收与发送天线之间信号通道各部件的集合，如图2-9所示。典型通信卫星会包含若干个转发器。

图2-9　通信卫星转发器

通常每个转发器工作在不同的频率上，每个转发器都有一个规定的中心频率和工作带宽。转发器的数量及每个转发器的带宽资源反映了转发器的能力。转发器的数量越多，卫星的通信能力就越强。

ITU对C频段FSS业务频率划分，下行，3400～4200MHz，上行，5850～6700MHz。通常C频段单个转发器带宽为36MHz，Ku频段转发器带宽为54MHz或72MHz。

例如C频段固定业务分配的带宽是500MHz。典型的设计包括12个转发器，每个转发器的带宽为36MHz，转发器间有4MHz的防护频带。目前，典型的商业通信卫星可以有24～48

个转发器，大部分工作在 C 频段、Ku 频段、Ka 频段。

转发器分为透明转发器和处理转发器。

（1）透明转发器

透明转发器也叫非再生转发器或弯管转发器。它对接收到的地面发来的信号，只进行低噪声放大、变频和功率放大，单纯地完成转发任务，不作其他处理。

透明转发器典型结构如图 2-10 所示。

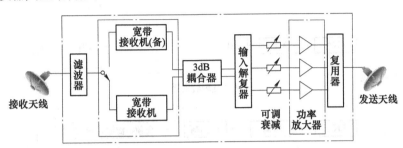

图 2-10　透明转发器典型结构

透明转发器核心部件为低噪声放大器和功率放大器。低噪声放大器实现接收上行信号低噪声、高增益放大；功率放大器是信号放大后送至下行链路。使用最广泛的功率放大器是行波管放大器，最大输出可达到数百瓦至上千瓦。

为了提高转发器的可靠性，一些容易失效的模块或部件都有冗余配置。因此，星上除通信设备及其冗余部分外，还有各种切换开关。

透明转发器是自卫星通信出现以来主导的转发器类型，并且仍是目前使用最广泛的转发器。

透明转发器具有以下优点：简单；设计和制造费用低；开发时间短和风险小；可靠性高，同一个转发器内可容纳多种信号类型；寿命期内升级容易等。

透明转发器主要用于卫星有效载荷和电源功率严重受限的情况，但是上行链路的性能恶化会带入下行链路，抗干扰能力差。

（2）处理转发器

星上处理转发器也称为再生转发器。相对于透明转发器，处理转发器除了进行转发信号外，还具有信号处理的功能。

处理转发器根据功能的强弱又分为三类：

1）载波处理转发器，以载波为单位直接对射频信号进行处理，具有星上载波交换能力。

2）比特流处理转发器，增加了解调和再调制功能，也可包括译码和重编码设备等。

3）全基带处理转发器，具有基带信号处理能力和交换能力，在星上完成存储、压缩、交换、信令处理、重组帧等，具有星上再生能力。

处理转发器结构如图 2-11 所示。

具有解调功能的处理转发器有以下优点：消除上行链路的噪声、非线性和干扰对下行链路的影响，上行和下行链路相互独立，可以灵活设计上、下行通信体制，提高卫星功率利用率，降低对地面终端的要求，提高抗干扰能力。缺点是：实现相对复杂，可靠性会下降；通

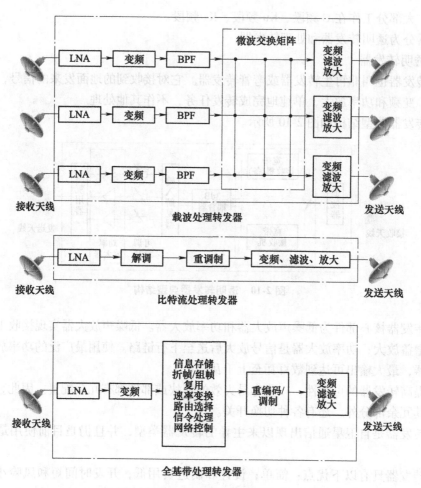

图 2-11　处理转发器结构

信系统升级需要卫星具备可重构功能。

2.2　地面段

　　地面段指的是各类卫星通信地球站,卫星通信地球站从功能上讲就是微波无线电收、发信台,用户通过地球站接入卫星链路,进行通信。

　　地球站可设在陆地、海船或飞机上,也就是经常所说的地面站、舰载站、机载站。地球站设备的配置与它承担的通信任务有关,不同任务的地球站,类型也不同。根据站型的便携性,可以分为固定站、移动站、便携站和手持终端,根据规模大小可以分为大型站和小型站。

　　下面主要从组成和基本原理进行介绍。

2.2.1　地球站的组成

　　图 2-12 为典型的大型地球站组成框图,大体上可以分为:天线、馈线设备,发射设备,

接收设备，信道终端设备、跟踪伺服设备和电源。

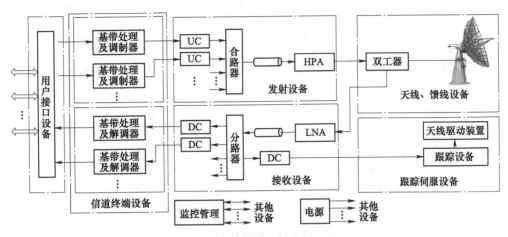

图 2-12 典型的大型地球站组成框图

UC（Up Converter）—上变频器　　HPA（High Power Amplifier）—高功率放大器
DC（Down Converter）—下变频器　　LNA（Low Noise Amplifier）—低噪声放大器

随着卫星通信的迅速发展，技术水平不断提高，卫星功能越来越强，地球站天线尺寸可以做得更小，出现了像 VSAT 这类小型固定站、个人可携带的便携站，乃至手持终端。

VSAT 站由天线、室外单元（ODU）、室内单元（IDU）三部分组成。室外单元安装于天线上（通常直接安装于馈源上）以减小发送损耗与接收噪声，由"上变频+功放"组成的发送模块 BUC 与"低噪放+下变频"组成的接收模块 LNB 构成。室内单元实现接口、协议转换及复用、信源编译码、信道编译码及中频调制。

手持终端体积更小，类似地面移动通信的手机，采用一体化、高度集成设计，射频、基带芯片化，缩小体积，减少功耗。

2.2.1.1 天线、馈线设备

天线、馈线设备将来自功率放大器的射频信号变成电磁波辐射出去；同时收集卫星发来的电磁波，送至低噪声放大器。

卫星通信使用微波频段（300MHz～300GHz），固定卫星业务通常采用面天线，在 3GHz 以下的移动卫星通信频段则可使用螺旋天线、微带天线等。

根据馈源的位置划分，面天线（见图 2-13）主要有三种：

第一种，前馈天线，馈源位于反射面之前的抛物面焦点上，天线只有一个抛物面反射面，具有安装较简单的优点。

第二种，偏馈天线，馈源位于反射面前偏下位置，其他方面与前馈天线相同。它有以下优点：安装简单，馈源指向较前馈天线高，对信号遮挡小。

第三种，后馈天线，有主、副两个反射面，馈源位于主反射面后方，即信号从天线主反射面后方馈入，通过副反射面到达主反射面。后馈天线包括卡塞格伦、格里高利、环焦天线三类。后馈天线相对复杂，但有更高的天线效率。

目前大型地球站天线主要用卡塞格伦天线。

天线架设时要使天线对准卫星，有人工和程序控制两种，经过计算给定天线方位、俯仰

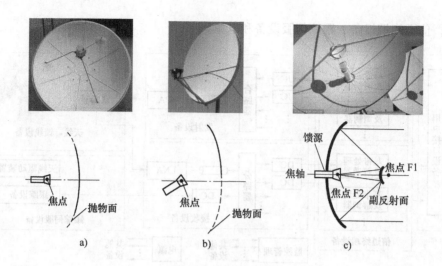

图 2-13　抛物面天线

a）前馈天线　b）偏馈天线　c）后馈天线

两个角度，使天线对准卫星。

对于对地静止轨道卫星，位置已知，地球站可利用一定的方式计算获得相对位置，进而进行对星操作。

如图 2-14 所示，已知地球站的经度为 λ_T、纬度为 ϕ_T，静止卫星定点经度为 λ_s。

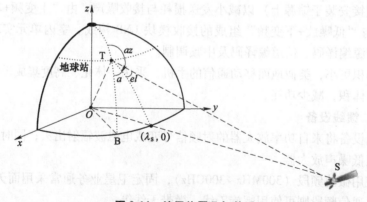

图 2-14　站星位置几何关系

地球站对卫星的仰角 el 是指卫星与地球站所在处的地平线之间的夹角，可使用以下公式计算：

$$el=\tan^{-1}\left[\frac{\cos\phi_T\cos(\lambda_s-\lambda_T)-\dfrac{R_E}{R_E+h}}{\sqrt{1-\cos^2\phi_T\cos^2(\lambda_s-\lambda_T)}}\right] \tag{2-7}$$

地球站对卫星的方位角 az 指以地球站指北方向线起，依顺时针方向到卫星方向线之间的水平夹角，计算如下：

$$a=\tan^{-1}\left[\frac{\tan(\lambda_s-\lambda_T)}{\sin\phi_T}\right] \tag{2-8}$$

根据地球站的纬度值判定方位角值：

$$\begin{cases} az = 180° - a, & \phi_T > 0 \\ az = -a, & \phi_T < 0 \end{cases} \tag{2-9}$$

站星距离影响了自由空间传播损耗的数值，在 $\triangle OTS$ 中地球站 T 到静止卫星的距离为

$$d = (R_E + h) \sqrt{1 + \left(\frac{R_E}{R_E + h}\right)^2 - 2\frac{R_E}{R_E + h}\cos\phi_T\cos(\lambda_s - \lambda_T)}$$

$$= 42238\sqrt{1.023 - 0.302\cos\phi_T\cos(\lambda_s - \lambda_T)} \tag{2-10}$$

因此，只要知道地球站所在位置的经、纬度和静止卫星的定点经度就可以分别计算地球站天线对准卫星时的方位角、仰角和站星距离。

例 2-1 地球站 A（118.20°E，32.05°N）利用静止卫星与另一地球站 B（116.50°E，40.15°N）进行通信，卫星定点位置为106°E，试计算地球站 A 天线对准卫星时的方位角、仰角以及站星距离。

解： 地球站 A

$$el\_A = \tan^{-1}\left[\frac{\cos\phi_T\cos(\lambda_s - \lambda_T) - \dfrac{R_E}{R_E + h}}{\sqrt{1 - \cos^2\phi_T\cos^2(\lambda_s - \lambda_T)}}\right]$$

$$= \tan^{-1}\left[\frac{\cos32.05°\cos(106° - 118.2°) - \dfrac{6378}{6378 + 35786}}{\sqrt{1 - \cos^2 32.05°\cos^2(106° - 118.2°)}}\right]$$

$$= 50.41°$$

$$a = \tan^{-1}\left[\frac{\tan(106° - 118.2°)}{\sin32.05°}\right] = 22.17°$$

因为 $\phi_T > 0$，所以 $az\_A = 180° - a = 157.83°$，

$$d\_A = 42238\sqrt{1.023 - 0.302\cos32.05°\cos(106° - 118.2°)}\ \text{km} = 37066.73\text{km}$$

2.2.1.2 跟踪伺服设备

跟踪伺服设备用来跟踪卫星，随时校正自己的方位角与仰角以对准卫星。

有些天线架设好后，并不是固定不动的。因为即使是静止卫星，也不是绝对静止的，而是在一个区域中飘移。对于方向性较强的天线，必须随时校正自己的方位角与仰角以对准卫星，就需要跟踪伺服设备进行实时跟踪。跟踪伺服设备是指利用一套自动跟踪设备，调整天线指向，使天线自动跟踪卫星的缓慢漂移运动，其跟踪精度相当高，误差小于波束宽度的 1/10。

随着科学技术的发展，特别是计算机技术的发展和应用，现代伺服系统已发展成为目标搜索、捕获、跟踪、信号处理等各种功能于一体的自动化计算机控制系统。

2.2.1.3 信道终端设备

信道终端设备主要实现语音、图像等模拟业务的数字化，接口协议处理，多业务复分接入，业务调度与接入控制等功能，其包括发射端和接收端。在发射端处理来自用户的信息，以使其适合在卫星线路上传输，在接收端将来自卫星线路上的信息与发射端进行反变换，使之成为可为用户接收的信息。实际设计时需要根据使用需求进行功能的选配。

2.2.1.4 发射设备

发射设备由上变频器和功率放大器组成，将已调制的中频信号变为射频信号，并进行功率放大，必要时进行合路。

2.2.1.5 接收设备

接收设备主要由低噪声放大器和下变频器组成，对来自天线的信号进行低噪声放大，并将射频信号转换为中频信号送入解调器，必要时进行分路。接收设备入口的信号电平极其微弱，为了减少接收机内部噪声的干扰，提高灵敏度，接收设备前端必须使用低噪声放大器。为缩短馈线，减少损耗，该放大器一般安装在天线馈源后面。

2.2.1.6 电源

卫星通信系统的电源要求有较高的可靠性。特别是大型站，一般有几组电源，除市电外，还应有柴油发电机和蓄电池。正常情况下利用市电，一旦市电中断，则由应急发电机供电，在发电机开机到正常运行前，由蓄电池短期供电作为过渡。平时，蓄电池是由市电通过整流设备对其进行浮充，以备急用。为了保证高度可靠，发电机也应有备份。

此外还有整机的控制、监视设备等。

2.2.2 地球站工作原理

卫星通信地球站的工作过程与微波接力通信终端站类似。发信时，每站的用户信号（电话、电报、图像、数据等）经基带处理、调制、上变频、功率放大，变换成适于卫星信道传输的形式，由天线对准卫星发送。卫星则将从卫星通信地球站收到的信号经转发器变频、放大及其他处理后发回地面。各地球站天线接收到卫星转来的全部信号，经过与发射相应的反变换和处理，从中选出属于本站的信号分别送给有关用户，如图 2-15 所示。

卫星通信端到端信道中存在的基本信号单元，从源端开始，它们依次为：基带格式化、信源合并、载波调制、多址和传输信道。信源信息可以是模拟或数字格式。前三个单元——基带格式化、信源合并和载波调制准备好最终进入传输信道的信号，这里的传输信道是地面—卫星—地面的射频信道。经信道传输后，在目的地对接收到的信号进行逆序处理，"解除"在信源位置对其所进行的处理。具体的原理将在第 4 章详细叙述。

2.2.3 地球站性能指标

地球站通常采用以下参数来衡量地球站的性能。

（1）有效全向辐射功率

有效全向辐射功率（EIRP）是地球站发送功率与发送天线增益的乘积（见 3.1.2 节）。该参数体现了地球站的发射能力，EIRP 值越高，发射能力越强。

（2）品质因数

品质因数是地球站天线的接收增益 G 与地球站接收系统等效噪声温度 T 的比值（见 3.2.7 节），反映了地球站的接收灵敏度，是地球站接收能力的一项重要指标，G/T 值越高，接收能力越强。

（3）射频工作范围

射频工作范围是地球站接收、发送信号的频率范围。由于卫星上行、下行采用频分来进行隔离，一般地球站的接收、发送频率范围不一致。该参数界定了地球站可正常工作的

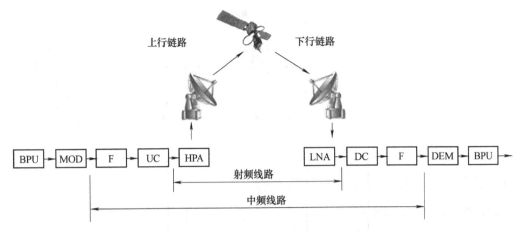

图 2-15　卫星通信线路

BPU（Base band Process Unit）—基带处理单元　HPA（High Power Amplifier）—高功率放大器

MOD（Modulator）—调制器　LNA（Low Noise Amplifier）—低噪声放大器

F（Fliter）—滤波器　DC（Down Converter）—下变频器

UC（Up Converter）—上变频器　DEM（Demodulator）—解调器

频率。

（4）载波频率准确度和稳定度

地球站本地产生的载波频率来自本身的晶振参考，实际频率都会与标称频率有误差，误差大小反映了载波频率的准确度，误差越小，准确度越高。载波频率稳定度是指载波频率在一段时间内（如一秒、一天）的变化值，变化值越小，稳定度越高。准确度和稳定度高有利于接收端的载波同步。

（5）EIRP 的稳定度

EIRP 的稳定度是地球站 EIRP 在规定值上下浮动的范围。该数值将影响通信链路的接收性能，稳定度越好，接收性能越稳定。

此外，对于军事卫星通信地球站来说，环境适应性（如工作温度范围、防水等级、抗冲击震动能力）、电磁兼容性、重量、体积、功耗等指标也很重要。

2.3　控制段

控制段主要包括卫星测控和卫星运控两部分，对卫星的运行起到控制、管理作用。

2.3.1　卫星测控

卫星测控也称为 TT&C（Tracking Telemetry and Command System），其任务是对卫星进行跟踪、遥测和遥控，保证卫星功能正常。卫星测控在发射阶段对卫星进行跟踪测量，控制其准确进入轨道的指定位置；运行阶段定期对卫星进行轨道修正和位置保持。

2.3.1.1　卫星测控系统组成及功能

从系统的角度看，卫星测控系统有以下要素组成：卫星测控中心、测控站（船）、测控星上设备、测控软件、卫星模拟器和测控网仿真器，其组成如图 2-16 所示。

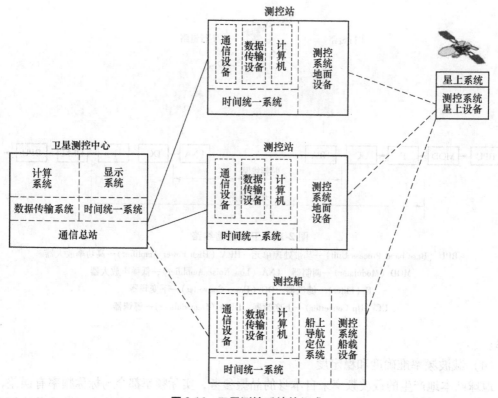

图 2-16　卫星测控系统的组成

从图上可以看出，测控站（船）与卫星测控中心一起组成卫星测控网，再加上星上测控设备一起构成了卫星测控系统。

在测控站中，除了测控系统地面设备外，还包括与卫星测控中心进行通信的通信设备、数据传输设备和计算机等，它们都在时间统一系统的控制下工作。测控船是对测控系统地面设备进行适应性改造后安装在船上，并配备有导航定位系统。

卫星测控系统包括跟踪、遥测和遥控三大功能，如图 2-17 所示。

下面对三个功能模块进行详细介绍。

2.3.1.2　跟踪

跟踪是指天线实时瞄准卫星自动跟踪。地球站实时测量卫星轨道的位置、速度和指向角等参数，也称为"外测"。一个卫星不论是处于试验阶段或是进入应用阶段，一旦从发射场发射升空后，首要的任务就是要能够测知它已经飞到什么地方，既要能够测得它距观测者或测控站的距离，又要能够测得它的飞行方向和速度，用于辅助后继测控站捕获。

对于卫星的跟踪测量包括测角、测距和测速这三个主要内容。

常用的测量手段有光学跟踪测量、无线电跟踪测量。

光学跟踪测量系统是一个具有随动机座的大型望远镜，它像眼睛一样随时盯着飞行中的卫星，将其影像显示在屏幕上，并测量随动机座的方位角和俯仰角。通过对两个或多个地面站上的望远镜随动机座的方位角和俯仰角进行交汇计算，计算出卫星的轨道参数。常用望远镜、光学经纬仪、电影经纬仪、高速摄影机、激光测距仪等光学仪器对卫星进行跟踪测量。

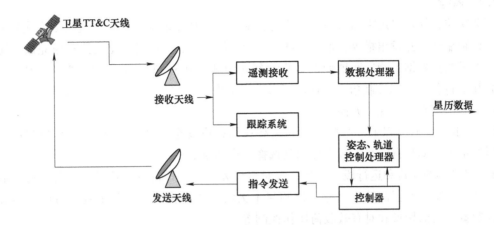

图 2-17　卫星测控系统功能示意图

它受卫星的大小和表面反射特性、观测时间、天气的好坏等因素的影响和限制，因此其跟踪范围有限。

　　无线电跟踪测量是依据无线电波的传播特性对卫星进行跟踪和测量，其不受天气影响，可以实现全天候跟踪测量。地面发射机产生的无线电信号由天线定向辐射到目标所在的空间，再由地面接收天线接收卫星转发或发送的下行信号，经接收机检测，比较上、下行信号或下行信号的变化，即可测出卫星相对于地面测控站的角度、距离和距离变化率等参数，确定卫星的空间位置和速度。连续进行这样的跟踪测量即可得出卫星的轨道。地面向卫星发送的信号称上行信号；卫星向地面发送的信号称下行信号。无线电跟踪测量的星上的设备是信标机（发送下行信号的发射机）或应答机（包括接收上行信号的接收机和发送下行应答信号的发射机）。地面设备有发射机、接收机、天线、数据终端、计算机和记录显示设备等。

2.3.1.3　遥测

　　遥测是指卫星通过下行通道将卫星上各分系统的工作报告给地面，相对于"外测"，遥测有时也称为"内测"。由于人们不可能在卫星附近直接进行相关的测量，只能在远离的地方进行间接测量。因此，这种远离被测对象的间接测量，习惯上被称为遥测，其实质是一般测量的延伸。

　　遥测的作用有以下几个方面。

　　1）为卫星性能评价和设计改进提供依据。遥测在卫星上天前的各种试验中获取大量数据，经分析处理提供给相关部门，作为对卫星性能评价和改进设计的重要依据。

　　2）为故障分析提供数据。在试验阶段，尤其是研制初期，故障的发生在所难免。故障出现的原因可能是设计上的缺陷、零部件可靠性问题、人为差错以及环境因素等。一旦发生故障，借助遥测数据可以分析和查明故障的部位及原因，以便采取补救措施。

　　3）为遥控提供反馈信息。卫星进行试验或正式飞行时，遥控系统发送的控制指令的接收和执行情况，可以通过遥测信道反馈到地面进行分析和判断。

　　4）传输卫星上其他系统如热控系统、电源系统、姿态控制系统的工作状态信息，供地面监视用。

2.3.1.4 遥控

所谓遥控，就是对远距离被控对象进行控制。通常所说的遥控都是通过指令方式来完成的，即控制端产生并发出指令，通过无线/有线信道传送至执行端，使被控对象完成预定的动作。卫星遥控根据遥测发回地面的数据，经过分析、比对和判断后，地球站（卫星测控中心）用上行信道发出控制指令，控制卫星进行工作状态的调整、纠正或切换等。

遥控的作用有以下几个方面。

1）在卫星发射过程中，遥控系统为运载火箭提供安全控制。一旦运载火箭出现故障，安全遥控系统启动其自毁装置或者控制其选择安全的落点。

2）在卫星的入轨和运行段，遥控系统对卫星姿态、运行轨道以及星载设备进行控制和调整，例如调整转发器的输出功率、调整星上天线波束的指向、控制星载设备的开机和关机、控制备份机的切换和对有效载荷操作控制等。

3）对于在轨运行的卫星，还可通过遥控上行链路对星上计算机进行指令、程序和数据注入，进行星地时钟的比对等。

4）在卫星返回段，遥控系统对其进行姿态调整、控制反推力火箭点火和控制返回舱与星体分离等。

2.3.1.5 卫星测控特点

与一般的测控系统相比，卫星测控系统具有以下特点：

1）多路传输。卫星的被测、被控对象很多，目前大中型卫星遥测参数近千个，遥控路数近500个，不可能也没有必要每个参数或指令都单独专用一条传输通道，通常都采用一条信息传输通道传输很多个参数或指令，即多路传输技术。

2）精确性和可靠性。对于遥测，要求测量系统具有一定的测量精度。对于遥测系统，为了能够准确地对被控对象进行控制，除了要求满足一定的精度外，还应当是高度可靠的。遥控的失误往往会造成灾难性的毁坏。

3）信息的多样性和数据处理的复杂性。测控的信息源和对象不仅数目大而且差别也很大。遥测和遥控在地面上的信息处理工作量很大，而且在时间上要求快，许多卫星上发生的事件要求在短时间内做出反应和决策。虽然跟踪测轨信息与遥测遥控相比种类较少，但它也是利用无线电的多种性质如波束方向性、电波相位特性、电波的多普勒效应等实现跟踪测轨，或者利用测距音、伪随机码等测轨信号实现跟踪测轨，数据处理复杂。

4）无线电射频信号的综合性。随着技术的发展，为了提高有效性，卫星无线电测控与跟踪测轨进行了综合，也就是采用了统一系统。卫星与地面站之间采用统一的上行射频信道和下行射频信道：上行射频信道传输包括遥控和测距信号以及其他一些信号（如通信信号）；下行射频信道传输包括遥测和转发回地面的测距信号以及其他一些信号。这样上下行信道统一设计，互相关联，构成卫星与地面之间的闭环控制回路。

5）涉及科学技术领域的广泛性。卫星无线电测控技术涉及的科学技术领域十分广泛：由于它属于信息传输的范畴，因此其传输理论涉及信息论和编码理论；其射频部分涉及微波技术、天线技术；其测量控制和视频部分又涉及了非电量电测、电子技术、控制技术、精密机械、数据处理和计算机技术等。

2.3.2　卫星运控

卫星地面运行控制简称运控，是地面系统任务协调和组织者，主要进行卫星通信链路的建立、拆除，通信过程中带宽的动态调整，通信业务典型的语音、数据等通信业务的交换控制，移动性管理、越区切换管理等。

卫星运行控制系统体系结构如图 2-18 所示。各核心服务模块之间通过中间件平台进行互连，形成一个分布式的计算环境。

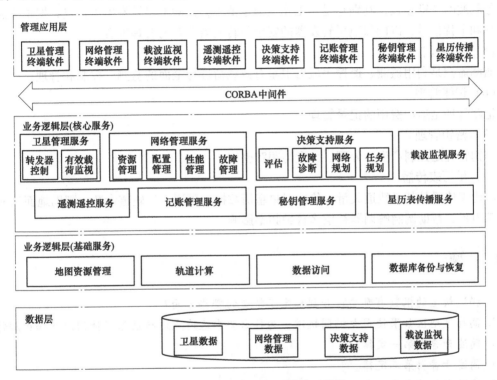

图 2-18　卫星运行控制系统体系结构

运控系统主要由管理应用层、业务逻辑层和数据层组成。管理应用层是各种终端软件的集合。数据层是相关数据库的集合，包括卫星数据、网络管理数据、决策支持数据和载波监视数据。业务逻辑层分为核心服务和基础服务两部分，实现了业务相关的服务内容。业务逻辑层中地图资源管理、轨道计算、数据访问和数据库备份与恢复属于基础服务，通过数据访问实现与数据层数据的交互。

业务逻辑层的核心服务包括以下八个方面。

（1）卫星管理

卫星管理是对卫星有效载荷和平台状态进行监视，对卫星转发器进行管理控制。

（2）网络管理

网络管理宏观掌握各卫星通信系统的运行情况，并对各卫星通信网进行资源管理、配置管理、性能管理和故障管理。

（3）决策支持

决策支持分系统是运控系统中的辅助决策部分，可提供快速科学的决策支持辅助系统，具有仿真评估和决策支持能力，对通信网的运行、资源分配与优化等进行模拟或在线评估，为操作员提供决策支持和参考依据。决策支持包括评估、故障诊断、网络规划、任务规划等子功能。

（4）载波监视

载波监视是当卫星转入正常使用后，需要对各转发器上的通信载波进行长期监视，接收卫星转发器的通信信号，测量其功率、带宽、频谱等数据，供管理者分析使用。实时监测所有业务载波的关键参数，判别它是否工作在指定范围，监测卫星转发器工作点，搜索非法载波用户和干扰信号，以确保卫星转发器的安全与转发器资源的合理配置。

（5）遥测遥控

遥测遥控是利用遥测、遥控手段对卫星有效载荷进行全面的监测、控制和管理。

（6）记账管理

记账管理是通信费用的记录管理。

（7）密钥管理

密钥管理是控制产生、分配、分发与跟踪密钥。

（8）星历表传播

星历表传播是基于轨道矢量，传播卫星星历数据，预测卫星轨道参数，帮助地面站捕获与跟踪卫星，帮助调制解调器补偿多普勒频率影响。

习　题

1. 描述轨道的根数有哪些？分别确定了轨道的哪些方面？

2. 高纬度地区如果使用大椭圆轨道，为什么要在远地点进行通信？使用所学知识解释。

3. 简述开普勒第一定律。

4. 简述开普勒第二定律。

5. 直接在江苏南京正上方放置一颗静止轨道卫星，是否可能？为什么？

6. 试计算地面站和静止轨道卫星传播往返时延有多大？

7. 试解释卫星摄动现象及原因。

8. 按波束进行划分，天线可分为哪三类？请各提供一个应用场景。

9. 卫星轨道按轨道形状可分为哪两类？

10. 开普勒定律分别描述了轨道的什么特性？

11. 试列举三种轨道分类方式。

12. 简述卫星平台的组成及各部分功能。

13. 简述通信卫星的有效载荷及作用。

14. 简述通信卫星转发器的分类及特点。

15. 简述透明转发器的主要功能和特点。

16. 处理转发器有哪些优点？

17. 卫星测控系统有哪些部分组成？各部分的作用是什么？

18. 简述运控系统的基本体系结构。

第3章

卫星通信链路设计

卫星通信链路设计的基本任务是根据发送与接收地球站参数、卫星参数以及信号传播介质特性，对发送站—卫星—接收站所构成的基本单向链路性能进行计算，从而对所设计链路性能是否满足设计指标要求进行评价，并为相关地球站与卫星参数优化提供依据。

在本章的讨论中，以符号 $[x]$ 表示 x 的分贝形式，两者的计算关系为 $[x] = 10\lg x$。

3.1 天线与信号传播

作为将电磁波信号从射频电路向自由空间中耦合的器件，通信天线是包括卫星通信在内的无线通信系统中必不可少的设备。天线基本电参数包括阻抗特性、带宽特性、极化特性以及方向特性。通常设计良好的系统中，天线的阻抗、极化、带宽可以与系统其他组成部分实现高效率的匹配，对信号传播性能的影响较小。而天线的方向特性会直接影响着整个卫星通信链路中接收信号功率。

本节以通信天线作为出发点，对天线方向特性、信号发射机有效全向辐射功率、功率能量密度、自由空间传播损耗四个基本概念进行介绍。

3.1.1 天线增益与半功率角

在卫星通信链路分析中最重要的天线参数是**天线增益**。增益是天线的方向特性参数之一。天线增益是指在输入功率相等的条件下，所研究的天线与理想的全向天线在同一空间位置发射信号，同一个接收者所接收到信号的功率之比，即

$$G(\theta,\phi) = \frac{\text{所研究天线辐射时，位于}(\theta,\phi)\text{方位的接收点所接收到的功率}}{\text{理想的全向天线在同一位置、相同输入功率进行辐射时，同一接收点接收到的功率}}$$

其中"理想的全向天线"是指可以将全部输入功率无损耗的辐射出去，且在各个方向上辐射强度完全相同的天线。

如图 3-1 所示，若位于 (θ,ϕ) 方位（θ、ϕ 分别为俯仰角和方位角）接收者在两次测量中所接收到的功率分别为 P_R 与 P_{Ri}，则所研究的天线在 (θ,ϕ) 方位的增益为 $G(\theta,\phi) =$

$\dfrac{P_R}{P_{Ri}}$。通常天线增益以 dBi 为单位，此时

$$\left[G(\theta,\phi) \right] = 10\lg\left(\dfrac{P_R}{P_{Ri}}\right)$$

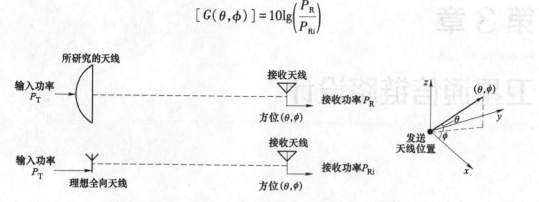

图 3-1　所研究天线与全向天线从同一点向另一点发辐射信号

根据天线的收发互易原理，天线不论工作在发送模式还是接收模式，其增益的方向特性是相同的。这意味着，如果将图 3-1 中的接收天线用于发送，而所研究天线和全向天线用于接收，则在发送功率相同时在所研究天线上接收到的功率与全向天线接收到的功率之比为天线接收增益。在同一频率上，同一天线发送增益与其接收增益是相同的。应当注意的是，卫星通信中经常使用同一天线进行信号收发，此时发送信号频率与接收信号频率是不同的，因此工作过程中，天线的发送增益 G_T 与接收增益 G_R 是不同的。

将方位 (θ,ϕ) 所对应的天线增益作为矢径，(θ,ϕ) 则作为矢量方向，在三维或二维空间中可以画出一个直观反应天线方向特性的方向图，如图 3-2 所示。

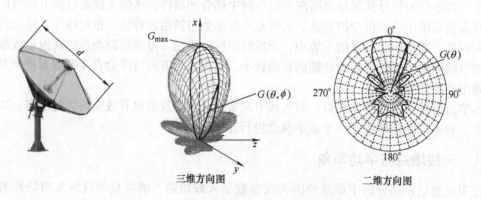

三维方向图　　　　　　　二维方向图

图 3-2　天线的口面直径、方向图及最大增益

$G(\theta,\phi)$ 存在最大值，记为 $G_{max} = \mathrm{MAX}\left[G(\theta,\phi) \right]$，增益最大值 G_{max} 所在方向称为**最大辐射方向**。在应用中，通常要求发送天线的最大辐射方向指向接收方，而接收天线最大辐射方向指向发送方，此时只需要了解最大辐射方向的增益 G_{max}，而对其他方向的增益并不关心，因此常将 G_{max} 简称为"天线增益"。G_{max} 可以通过以下公式计算：

$$G_{max} = 4\pi\,\dfrac{A\eta}{\lambda^2} \tag{3-1}$$

式中，λ 为通信信号波长；A 为天线口面的物理面积，对于卫星通信地面站和航天器最常用的圆口面天线（见图 3-2a），可由天线口面直径（以下简称"口径"）计算 $A=\dfrac{\pi d^2}{4}$；η 为天线效率，理想情况下为 1，对于实际天线均为一个小于 1 的数，普通天线效率约为 0.55（55%），天线效率达到 70% 的称为高性能天线。天线效率无法达到 1（即 100%）是由多种原因决定的，包括天线本身材料吸收造成的损耗、天线口面加工不理想造成的方向性弱化、反射面遮蔽造成的信号损失等。通常可以将天线效率用两个主要效率加以表示，即 $\eta=\eta_a\eta_r$，其中 η_a 为口径效率（Aperture Efficiancy），是指其有效面积与真实口径面积之比；η_r 为辐射效率（Radiation Efficiency），是指天线所辐射出的信号功率与天线从馈线输入的信号功率之比，一般卫星通信天线辐射效率通常在 70%~80%。

例 3-1　某圆口面抛物面口径（即天线口面直径）为 1.2m，发送信号频率为 14GHz，天线效率为 55%，求天线发送增益。若此天线同时用于接收，接收信号频率为 12.5GHz，试计算天线接收增益。

解： 由天线口面直径 $d=1.2\mathrm{m}$，得到天线口面面积 $A=\dfrac{\pi d^2}{4}\approx1.13\mathrm{m}^2$，进而可得到天线有效面积

$$A_e=A\eta=1.13\times0.55\mathrm{m}^2\approx0.62\mathrm{m}^2$$

电磁波传播速率 $C=3\times10^8\mathrm{m/s}$，于是可得到发送信号波长 $\lambda_T=\dfrac{C}{f_T}=\dfrac{3\times10^8}{14\times10^9}\mathrm{m}\approx0.021\mathrm{m}$。按式（3-1），计算天线发送增益

$$G_T=4\pi\dfrac{A_e}{\lambda_T^2}=4\pi\times\dfrac{0.62}{0.021^2}\approx1.77\times10^4$$

表示成分贝形式为 $[G_T]=10\lg G_T=42.5\mathrm{dBi}$

接收信号波长 $\lambda_R=\dfrac{C}{f_R}=\dfrac{3\times10^8}{12.5\times10^9}\mathrm{m}=0.024\mathrm{m}$，由此有 $G_R=4\pi\dfrac{A_e}{\lambda_R^2}=4\pi\times\dfrac{0.62}{0.024^2}\approx1.35\times10^4$

表示成分贝形式为 $[G_R]=10\lg G_R=41.31\mathrm{dBi}$

从例 3-1 的计算结果可见，由于卫星通信中为了避免上、下行信号相互干扰，两者使用了不同的频率。对于通常使用的收、发共用天线，其发送与接收增益因此并不相同，这点需要注意。

描述天线方向特性的另一个描述参数为半功率角。如图 3-3 所示，其中轴线方向由天线中心指向最大辐射方向，即最大增益 G_{max} 所在方向。天线的半功率角是指天线增益为 $G_{max}/2$ 的两个方向间的夹角，通常记为 $\theta_{0.5}$ 或 $\theta_{1/2}$，一些文献中也将天线的半功率角称为 3dB 波束宽度。

对于抛物面反射面天线，

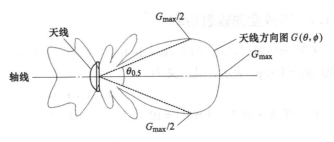

图 3-3　天线波束宽度

其半功率角可按下式计算

$$\theta_{0.5} = \gamma \frac{\lambda}{d}(°) \tag{3-2}$$

式中，λ 为信号波长，单位为 m；d 为天线口面直径，单位为 m；γ 为一个常数，通常 $\gamma = 70$。

表 3-1 给出了几种常用工作频率下不同口径抛物面天线的增益与波束宽度。不难发现，对于相同的频率，口径越大的天线增益越高，天线半功率角越小，波束更"尖利"；而口径越小的天线增益越低，半功率角越大，波宽更宽。

表 3-1　圆口面抛物面反射面天线的增益与半功率角 （$\gamma = 70$，$\eta = 55\%$）

f/GHz	d/m	G/dBi	$\theta_{0.5}/(°)$
6	3	43	1.17
	4.5	46	0.78
12	1	39	1.75
	2.4	47	0.73
	4.5	52	0.39
30	0.5	41	1.40
	2.4	55	0.29
	4.5	60	0.16

我们可以从天线增益与半功率角计算式分析其关系。将天线有效面积计算式、圆口面抛物面反射天线面积计算式代入式（3-1）可得

$$G_{max} = \pi^2 \eta \left(\frac{d}{\lambda}\right)^2$$

由式（3-2）有 $\dfrac{\lambda}{d} = \dfrac{\theta_{0.5}}{\gamma}$，将此式代入上式，则得到天线（最大）增益与半功率角的直接关系

$$G_{max} = \pi^2 \eta \left(\frac{\gamma}{\theta_{0.5}}\right)^2 \qquad \theta_{0.5} = \gamma \sqrt{\frac{\eta \pi^2}{G_{max}}} \tag{3-3}$$

上述关系说明，对于卫星通信地球站中常用的圆口面抛物面天线，一旦其增益确定，则其半功率角也相应确定。

3.1.2　有效全向辐射功率

有效全向辐射功率（Effective Isotropic Radiated Power）是信号发射端的参数，通常用 EIRP 或 e.i.r.p. 表示，其定义为

$$\text{EIRP} = P_T G_T \tag{3-4}$$

以分贝表示则为 $[\text{EIRP}] = 10\lg(P_T G_T) - 10\lg P_T + 10\lg G_T$，于是有

$$[\text{EIRP}] = [P_T] + [G_T] \tag{3-5}$$

式中，P_T 是由发射机馈入发送天线的信号功率；G_T 是发送天线在接收天线方向上的增益。

对于最大辐射方向指向接收机的天线，G_T 即 3.1.1 节中的 G_{max}。

按式（3-4）定义，EIRP 就是发送功率与发送天线增益的乘积。其意义可以结合图 3-4 加以解释，图 3-4a、b 两情况下收、发天线间距离是相等的。

图 3-4a 为实际的工作情况，功率为 P_T 的信号输入在接收天线方向上增益为 G_T 的天线，该天线最大辐射方向指向接收天线，在接收方接收到的信号功率为 P_R。

图 3-4b 中首先将功率为 P_T 的信号输入一个增益为 0dBi 的全向天线，则按照天线增益的定义，接收方收到的信号功率 $P_{Ri} = P_R/G_T$。如果将输入至全向天线的信号功率增大 G_T 倍而达到 $P_T \cdot G_T$，则接收功率也应相应地增大 G_T 倍，从而有 $P_{Ri} = P_R$。这意味着：将功率为 P_T 的信号输入增益为 G_T 的定向天线发射，接收方所收到的信号功率与将功率为 $P_T G_T$ 的信号功率输入全向天线发射的情况是相等的。

需要说明的是，从以上描述来看，由于发送天线在不同方向上的增益不同，EIRP 也不同，即 EIRP 是方位 (θ, ϕ) 的函数。对于固定卫星地球站而言，通常天线最大辐射方向指向通信卫星，此时 EIRP 的计算中使用天线的最大增益 G_{max}，但对于通信卫星，不能保证其最大辐射方向指向某个地球站，这就是同一颗卫星，其 EIRP 在不同地区存在差别的原因。

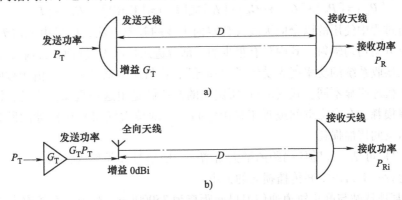

图 3-4　EIRP 的物理意义

a）实际的定向天线发射情况　　b）全向天线发射情况

例 3-2　某卫星站发送天线及发送频率与例 3-1 相同，发送功率为 3W，求发送站 EIRP。

解： 由例 3-1 已得到 $G_T = 1.77 \times 10^4$，$P_T = 3W$，则由式（3-4）可得

$$\text{EIRP} = 3 \times 1.77 \times 10^4 \text{W} = 5.31 \times 10^4 \text{W}$$

以分贝形式表示为 $[\text{EIRP}] = 10\lg 5.31 \times 10^4 \approx 47.3\text{dBW}$

或者可以由分贝形式直接计算：$[P_T] = 10\lg P_T = 10\lg 3\text{dBW} = 4.8\text{dBW}$，由例 3-1 得到 $[G_T] = 42.5\text{dBi}$，于是由式（3-5）得到

$$[\text{EIRP}] = 4.8\text{dBW} + 42.5\text{dBW} = 47.3\text{dBW}$$

3.1.3　自由空间传播损耗

由式（3-1）可得在发送天线最大辐射方向指向接收方时，接收天线 $G_R = 4\pi \dfrac{A_e}{\lambda^2}$，并据此有 $A_e = G_R \dfrac{\lambda^2}{4\pi}$，将此式与式（3-10）代入式（3-12）得

$$P_R = P_T G_T G_R \left(\frac{\lambda}{4\pi D}\right)^2 \tag{3-6}$$

联想到电路分析中的情况：功率 P_T 经过增益为 G_T 的放大器放大，再经过一个损耗为 L_f 的衰减器后，再用增益为 G_R 的放大器放大，则输出功率为 $P_R = P_T G_T G_R \frac{1}{L_f}$。比较此式与式 (3-6) 不难发现，如果将 $\left(\frac{\lambda}{4\pi D}\right)^2$ 视为一个损耗项，则可以将信号功率经发送天线至接收天线的传播过程用一种较为简单、直观的方式加以描述。令

$$L_f = \left(\frac{4\pi D}{\lambda}\right)^2 \tag{3-7}$$

则式 (3-6) 变为如下形式

$$P_R = \frac{P_T G_T G_R}{L_f} \quad \text{或} \quad P_R = \frac{EIRP G_R}{L_f} \tag{3-8}$$

以分贝形式表示式 (3-8) 为

$$[P_R] = [P_T] + [G_T] + [G_R] - [L_f] \text{或} [P_R] = [EIRP] + [G_R] - [L_f] \tag{3-9}$$

考虑分析过程中使用的以全向天线代替定向天线的等效方法，信号由全向天线发出后，向空间中各个方向均匀辐射，其中只有很少的一部分进入接收天线口面被接收，而其他绝大部分无法进入接收系统的功率视为受到了"损耗"，这与通常意义上信号由于被吸收造成的功率下降产生机理明显不同。式 (3-7) 所定义的损耗就是由这一现象产生的，因此称之为**自由空间传播损耗**。在自由空间或近于自由空间（如地球大气层）中传播的所有无线电信号都存在自由空间传播损耗。

由式 (3-7) 可见，L_f 随传播距离增大而增大，随信号波长增大而减小。接下来通过一个例子定量地看一下自由空间传播损耗的大小。

例 3-3 某地球站与静止轨道通信卫星间距离为 35900km，对于一个频率为 12GHz 的信号，试计算其自由空间传播损耗。若发送功率为 100W，发送天线增益为 40dB，接收天线增益为 50dB，计算接收信号功率。

解： $D = 3.59 \times 10^7 m$，信号波长 $\lambda = \frac{C}{f} = \frac{3 \times 10^8}{12 \times 10^9} m = 0.025m$

于是由式 (3-7) 有 $L_f = \left(\frac{4\pi \times 3.59 \times 10^7}{0.025}\right)^2 = 3.26 \times 10^{20}$

以分贝形式表示为 $[L_f] = 10\lg L_f = 205dB$

$[P_T] = 10\lg 100 = 20dBW$，于是由式 (3-9) 可得

$[P_R] = (20 + 40 + 50 - 205)dBW = -95dBW$

由例 3-3 可知，由于卫星通信使用信号波长短且传播距离长，自由空间传播损耗是非常巨大的，100W 的发射功率由于自由空间传播损耗的作用，在到达地面后的接收功率仅为 $P_R = 3.16 \times 10^{-10} W = 316pW$。

表 3-2 给出了 GEO 轨道、LEO 轨道下，几种典型的卫星链路频率所对应的自由空间传播损耗。可看出，对于 LEO 轨道，由于其信号传播距离较短，自由空间传播损耗相对 GEO 轨道的损耗要小得多。

表 3-2　几种典型卫星链路频率的自由空间传播损耗

轨道	D/km	f/GHz	L_f/dB
GEO	35900	6	199
		12	205
		20	209
		30	213
		44	216
LEO	1000	2	158
		6	168
		12	174
		24	181

3.2　系统噪声

在卫星通信链路中，信号从发射机发出直至最终到达接收机被解调输出，噪声在信号传输、处理的各个部分都可能被引入。这些噪声包括从系统外部进入系统的，如外部噪声、宇宙噪声以及其他电磁系统发出的干扰等，也包括系统内部元器件产生的，如放大器、混频器等电路产生的噪声。这些噪声迭加到信号上，使信号质量下降，影响通信链路的性能。

在所有噪声中，接收机前端引入系统中的噪声是最需要注意的，因为此处是有用信号功率最小的地方。如图 3-5 所示，噪声主要来源于图中所标注的 4 个位置：①前端电路本身，包括用于放大接收信号的各级放大器以及变频电路。②接收天线本身产生的噪

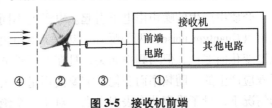

图 3-5　接收机前端

声。③接收电路前端有耗网络产生的噪声。④从系统外部通过接收天线进入接收系统的噪声。

3.2.1　功率通量密度

功率通量密度（Power Flux Density）是指距发送天线距离为 D 处的单位面积上的平均功率，其单位为瓦/平方米（W/m^2），常以 PFD 表示。

参考图 3-4，对于一个增益为 G_T 的天线，发送功率为 P_T，可将其等效为 0dBi 增益全向天线发送功率为 $P_T G_T$。由于全向天线向空间各方向均匀地辐射信号，因此信号功率 $P_T G_T$ 将均匀地分布在以天线为球心、半径为距离 D 的球面上，于是可得到单位面积上的信号功率为

$$\text{PFD} = \frac{P_T G_T}{S}$$

式中，S 为球面面积，$S = 4\pi D^2$，于是可得

$$\text{PFD} = \frac{P_T G_T}{4\pi D^2} = \frac{\text{EIRP}}{4\pi D^2} \tag{3-10}$$

以分贝形式表示为

$$[\text{PFD}] = [\text{EIRP}] - 10\lg(4\pi D^2)(\text{dBW/m}^2) \qquad (3\text{-}11)$$

利用 PFD，如果接收天线有效面积为 A_e，则信号接收功率为

$$P_R = \text{PFD} \cdot A_e \qquad (3\text{-}12)$$

例 3-4 某地球站天线口径为 5m，发送 14GHz 上行信号，功率为 1W。通信卫星距地球站 36000km，计算通信信号到达卫星接收天线口面时的功率通量密度。

解：对于 14GHz 信号，其波长为 $\lambda = \dfrac{3\times10^8}{14\times10^9}\text{m} \approx 0.021\text{m}$

口径 $d = 5\text{m}$ 的天线，设天线效率为 55%，则其有效面积为

$$A_e = \pi\left(\frac{d}{2}\right)^2\eta = \pi\left(\frac{5}{2}\right)^2 \times 0.55\text{m}^2 = 10.8\text{m}^2$$

由式（3-1）计算得到天线增益为

$$[G] = 10\lg\left(4\pi\frac{A_e}{\lambda^2}\right) = 54.9\text{dBW}$$

因此可得 $[\text{EIRP}] = [P] + [G] = 10\lg1\text{dBW} + 54.9\text{dBW} = 54.9\text{dBW}$

这样，由式（3-12）有

$$[\text{PFD}] = \{54.9 - 10\lg[4\pi(36000\times10^3)^2]\}\text{dBW/m}^2 = -107.2\text{dBW/m}^2$$

3.2.2 热噪声与噪声温度

介质中产生的噪声由电子引起。电子的不同运动会产生热噪声（Thermal noise）与量子噪声（Quantum noise）两类噪声，热噪声是由电子的热震动引起的，其功率谱密度随介质温度变化而变化，但与频率无关，且在有限带宽上，热噪声呈现高斯分布；量子噪声是由量子效应产生的，随频率而变化，需要使用量子定律进行分析。只有在较高频率或热噪声极低的情况下，量子噪声才会表现出来。对于一个绝对温度为 T 的介质，量子噪声、热噪声在介质输出噪声中占主导地位的频率交界点为

$$f = \frac{k}{h}T \approx 21T\,(\text{GHz})$$

式中，k 为玻尔兹曼常数，$k \approx 1.38\times10^{-23}\text{J/K}$；$h$ 为普朗克恒量，$h \approx 6.63\times10^{-34}\text{J}\cdot\text{s}$；$T$ 为介质的绝对温度。在低于这一频率的范围，热噪声为主导，量子噪声可忽略不计；而在高于此频率的范围，量子噪声开始表现其特征并随频率升高而占据主导地位。按上式可得，对于一个常温介质，$T = 290\text{K}$ 左右，上述频率交界点为 $f \approx 6090\text{GHz}$。到目前为止，人类所使用的除光通信以外的电磁波通信频段均远低于这一频率，因此在本书中只考虑热噪声。

如图 3-6 所示，一个绝对温度为 T 的电阻，通过理想传输线连接一个理想的、无噪声的匹配负载电阻，则电阻将向负载电阻输出噪声。噪声的功率谱密度与频率无关，与电阻绝对温度的计算关系式为

$$n_0 = kT\,(\text{W/Hz}) \qquad (3\text{-}13)$$

式中，h 为前面提到的玻尔兹曼常数，$k = 1.38\times10^{-23}\text{J/K}$，分贝形式 $[k] = -228.6\text{dBW}\cdot\text{Hz/K}$。

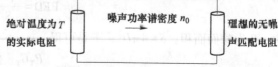

图 3-6　电阻的噪声

例 3-5　试计算一个 17℃ 的电阻所产生的噪声功率谱密度。

解：电阻绝对温度 $T = (17+273.15)\text{K} = 290.15\text{K}$

以分贝形式表示的噪声功率谱密度为

$$[n_0] = 10\lg n_0 = [k] + 10\lg T = (-228.6+24.6)\text{dBW/Hz} = -204.0\text{dBW/Hz}$$

由于噪声温度与噪声功率谱密度有如式（3-13）直接的对应关系，因此我们应将其理解为噪声功率谱密度或噪声功率的一种表示方法，而不简单的理解为温度的概念。

3.2.3　网络的等效噪声温度

在卫星通信中，大部分电路是线性的或是近似线性的，因此可以将其描述为线性网络。无论是有源的线性网络（如放大器、变频器），还是无源的线性网络（如滤波器、传输线），其内部总是会不同程度地产生噪声。在建立了电阻的热噪声与绝对温度的关系后，可以对传输网络的噪声特性加以描述。

如图 3-7a 所示，某双端口网络，其输入端连接一个绝对温度为 T 的匹配电阻，输出也连接一个匹配电阻，此时双端口网络输出端向匹配负载输出的功率谱密度为 n_0。

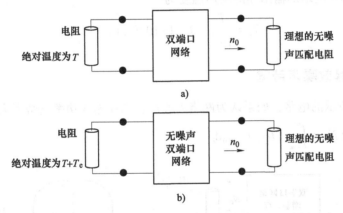

图 3-7　双端口网络的等效噪声温度

a）真实的网络构成的电路　b）等效电路

建立如图 3-7b 所示的等效电路，其中原双端口网络被替换为传输特性与图 3-7a 中网络完全相同但不产生噪声的无噪声网络。若输入端电阻温度不变，则在输出端输出的噪声功率谱密度必然小于图 3-7a 中的输出。要使输出端输出相同的噪声，可调整输入端电阻绝对温度。设输入端电阻绝对温度增大 T_e 后，图 3-7b 电路输出端输出噪声与图 3-7a 电路功率谱密度相同，则 T_e 称为双端口网络的**等效噪声温度**。

由于输入网络噪声功率谱密度 $n_{0,\text{i}} = k(T+T_e) = kT+kT_e$，前者是原电阻产生的噪声，后者可以认为是一个噪声源产生的，这样，就可以将双端口网络以图 3-8 所示的方式加以等效从而简化分析。其中网络统一以具有增益 G 的放大器代替，对于有耗网络，即网络的损耗 $A > 1$，根据定义，$A = P_{\text{in}}/P_{\text{out}}$，而 $G = P_{\text{out}}/P_{\text{in}}$，两者为倒数关系，因此 $G < 1$。例如，一个损耗为 $[A]$ dB 的有耗网络，增益 $[G] = -[A]$。

需要强调一点，网络的等效噪声温度定义于网络的输入端，而网络输出端的等效噪声温度为 $T_{\text{eo}} = T_e G$。

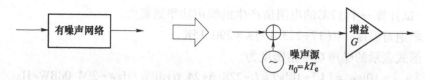

图3-8 网络的等效

双端口网络可分为有源网络与无源网络。前者组成中包含二极管、晶体管、运算放大器等有源器件，如放大器、变频器等；后者则完全由电阻、电容、电感等无源元件组成的网络，如衰减器、传输电缆等。因为无源网络在任何情况下送到外部的能量不大于所存储的能量，因此无源网络也称为"无源有耗网络"。有源网络的等效噪声温度需要通过测量得到，而无源网络的等效噪声温度可以由其传输特性直接通过计算获得。设某无源网络的损耗为 $[A]$ dB，则此网络的等效噪声温度为

$$T_e = T_0 (10^{\frac{[A]}{10}} - 1)\ (\text{K})$$
(3-14)

式中，T_0 为网络所处环境的绝对温度，对于室温情况通常取 $T_0 = 290\text{K}$。

相应地，折算到网络的输出端的噪声温度为

$$T_{eo} = \frac{T_e}{10^{\frac{[A]}{10}}} = T_0 (1 - 10^{\frac{-[A]}{10}})\ (\text{K})$$
(3-15)

3.2.4 网络的等效噪声带宽

对于图3-9a 所示的电路，如果认为网络无噪声，则在输入功率谱密度为 n_0 的白噪声后，其输出噪声功率为 $N_o = \int_{-\infty}^{\infty} |H(f)|^2 n_0 \mathrm{d}f$。

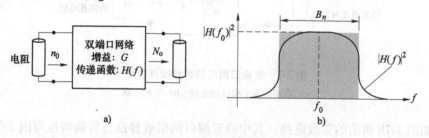

图3-9 等效噪声带宽

设 $|H(f)|^2$ 的最大值出现于频率 f_0 处（对于通信系统，通常 f_0 为网络通带的中心频率），网络的增益就定义为 $G = |H(f_0)|^2$。如果可定义一个带宽 B_n，其中心位于 f_0，并使得等式

$\int_{-\infty}^{\infty} |H(f)|^2 \mathrm{d}f = |H(f_0)|^2 B_n$ 成立，即 $B_n = \dfrac{\int_{-\infty}^{\infty} |H(f)|^2 \mathrm{d}f}{|H(f_0)|^2}$，则称 B_n 为**等效噪声带宽**。结合

图3-9b，$\int_{-\infty}^{\infty} |H(f)|^2 \mathrm{d}f$ 为 $|H(f)|^2$ 曲线以下的面积，而 $|H(f_0)|^2 B_n$ 则为图中灰色矩形的面积。当两者相等时，输出噪声功率为

$$N_o = \int_{-\infty}^{\infty} |H(f)|^2 n_0 \mathrm{d}f = |H(f_0)|^2 B_n n_0 = G B_n n_0$$

等效噪声带宽不同于信号带宽，它只是为了便于计算噪声功率而定义的一个参数。

通信系统的简化模型如图 3-10 所示。此模型中信道特性被包含于发送机的"成形滤波器"中。

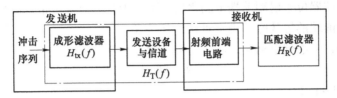

图 3-10 通信系统简化模型

按最佳接收的要求，接收机匹配滤波器与发送机成形滤波器、发送设备与信道以及接收机前端的总的传递函数满足互为共轭，即

$$H_R(f) = H_T^*(f) \tag{3-16}$$

对于大多数情况，发送设备、信道、接收机射频前端均表现为宽带（相对于信号自身带宽）线性网络，因此可以认为 $H_T(f) = H_{tx}(f)$。

同时，为满足消除符号间串扰的要求，一般要求发送与接收成形滤波器满足

$$H_R(f) H_T(f) = G_{RS}(f) \tag{3-17}$$

其中，$G_{RS}(f)$ 为升余弦滚降函数：

$$G_{RS}(f) = \begin{cases} 1 & |f| \leqslant \dfrac{R_s(1-\alpha)}{2} \\[2mm] \dfrac{1}{2} + \dfrac{1}{2}\cos\left[\dfrac{\pi}{\alpha}\left(\dfrac{|f|}{R_s} - \dfrac{1-\alpha}{2}\right)\right] & \dfrac{R_s(1-\alpha)}{2} < |f| \leqslant \dfrac{R_s(1+\alpha)}{2} \\[2mm] 0 & |f| > \dfrac{R_s(1+\alpha)}{2} \end{cases}$$

式中，α 为滚降系数；R_s 为信道上的传输符号速率。升余弦滚降函数如图 3-11a 所示，信号实际占用的带宽为

$$B_s = R_s(1+\alpha) \tag{3-18}$$

将式（3-16）代入式（3-17）有

$$H_R^*(f) H_R(f) = |H_R(f)|^2 = G_{RS}(f)$$

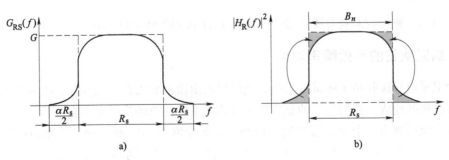

图 3-11 升余弦滚降函数及其等效噪声带宽

a) 升余弦滚降函数 b) 升余弦滚降函数等效噪声带宽示意

如图 3-11b 所示，根据升余弦滚降函数特性，将 $|H_R(f)|^2$ 中两侧拖尾移至两侧上角，正好补齐为一个矩形，其宽度为

$$B_n = R_s \tag{3-19}$$

接收机匹配滤波器位于射频前端电路之后，可认为其等效噪声带宽以外的噪声最终将被滤除，这样，整个前端的等效噪声带宽可认为都是 R_s。

在工程应用中，考虑到电路实现不理想等因素，通常认为

$$B_n = bR_s \tag{3-20}$$

式中，b 一般取 1.1~1.2。

影响调制符号速率的因素包括信息速率、差错控制编码的码率以及调制技术，如图 3-12 所示。

卫星通信中通常会使用差错控制编码以改善误比特率性能，差错控制编码可以在更低的 E_b/n_0 下达到与无差错编码情况下相同的误比特率。

R_b → 差错控制编码 → R_{code} → 调制 → R_s → 上变频及发送电路 →

图 3-12　信息速率、码字速率与符号速率

差错控制编码的一个指标是"码率"，即编码前的信息速率 R_b 与编码后的码字速率 R_{code} 的比值，即

$$R_c = \frac{R_b}{R_{code}} \tag{3-21}$$

例如常用的卷积编码速率有 1/2、1/3、2/3 等。

对于 M 进制调制，每个符号对应 $\log_2 M$ 个输入码字，于是

$$R_s = \frac{R_{code}}{\log_2 M} = \frac{\dfrac{R_b}{R_c}}{\log_2 M} = \frac{R_b}{R_c \log_2 M} \tag{3-22}$$

例 3-6　某卫星通信系统，差错控制编码采用 1/2 码率卷积编码，调制方式为 QPSK，信息速率为 10Mbit/s，求其接收系统的等效噪声带宽。

解：信息速率 $R_b = 10$Mbit/s，码率 $R_c = 1/2$，QPSK 调制为 4 进制，则 $M = 4$，于是下符号速率为 $R_s = \dfrac{10 \times 10^6}{\dfrac{1}{2}\log_2 4}$ Baud = 10MBaud

取 $b = 1.1$，则接收系统等噪声带宽为 $B_n = 1.1 \times 10 \times 10^6$ Hz = 11MHz

3.2.5　级联网络的等效噪声温度

一个卫星信号接收系统通常由天线、馈线以及由微波放大器、变频器、中频放大器所组成的接收机级联而成，我们关心的是这些元件构成系统的总的等效噪声温度。

接收系统可视为一个个双端口网络的级联，每个网络均以增益和等效噪声温度加以描述，并可按图 3-8 所示进行等效。这样，级联的多个双端口网络可进行如图 3-13a 所示的等效。

由图 3-13a 中的等效电路，可得输出端噪声功率谱密度为

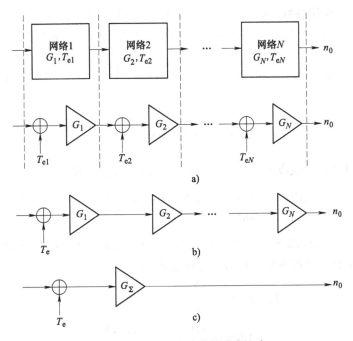

图 3-13　级联网络的等效噪声温度

a) 级联网络及其等效电路　b) 将所有噪声源集中于第一级输入端的等效电路

c) 将多级放大器集中于一个网络的等效电路

$$n_0 = kT_{e1} \prod_{i=1}^{N} G_i + kT_{e2} \prod_{i=2}^{N} G_i + \cdots + kT_{eN} G_N$$

将所有噪声源集中于输入端，以一个绝对温度为 T_e 的噪声源代替，可得到图 3-13b 所示电路。进一步将所有级联放大器以一个放大器表示可得图 3-13c 所示电路，则总增益为

$$G_\Sigma = \prod_{i=1}^{N} G_i$$

对于图 3-13c 所示电路，有 $n_0 = kT_e G_\Sigma$

于是将此式与前一式联立可得

$$kT_e G_\Sigma = kT_{e1} \prod_{i=1}^{N} G_i + kT_{e2} \prod_{i=2}^{N} G_i + \cdots + kT_{eN} G_N$$

得到

$$T_e = \frac{T_{e1} \prod_{i=1}^{N} G_i + T_{e2} \prod_{i=2}^{N} G_i + \cdots + T_{eN} G_N}{G_\Sigma} = \frac{T_{e1} \prod_{i=1}^{N} G_i + T_{e2} \prod_{i=2}^{N} G_i + \cdots + T_{eN} G_N}{\prod_{i=1}^{N} G_i}$$

最终有

$$T_e = T_{e1} + \frac{T_{e2}}{G_1} + \frac{T_{e3}}{G_1 G_2} + \cdots + \frac{T_{eN}}{\prod_{i=1}^{N-1} G_i} \tag{3-23}$$

例 3-7　如图 3-14 所示为包括天线在内的某接收系统，其天线的输出直接被送入低噪声

放大器（LNA），各模块参数如图中所示。计算包括 LNA、电缆、接收机在内的接收系统等效噪声温度。将图中 LNA 与电缆位置对调，再次计算系统的等效噪声温度。

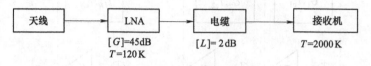

图3-14 接收系统前端框图

解：由图中可见，天线以外的接收系统由三个网络级联构成。

电缆的等效噪声温度可由式（3-14）计算：$T_{e2} = 290(10^{\frac{[2]}{10}} - 1)\,\mathrm{K} \approx 170\mathrm{K}$

电缆的增益 $[G_2] = -[L] = -2\mathrm{dB}$

$G_1 = 10^{\frac{45}{10}} = 31622.8,\ G_2 = 10^{\frac{-2}{10}} = 0.63；T_{e1} = 120\mathrm{K},\ T_{e2} = 170\mathrm{K},\ T_{e3} = 2000\mathrm{K}$

于是由式（3-23）可得系统总的等效噪声温度为

$$
\begin{aligned}
T_e &= T_{e1} + \frac{T_{e2}}{G_1} + \frac{T_{e3}}{G_1 G_2} \\
&= 120\mathrm{K} + \frac{170\mathrm{K}}{31622.8} + \frac{2000\mathrm{K}}{31622.8 \times 0.63} \\
&= 120.1\mathrm{K}
\end{aligned}
$$

将 LNA 与电缆对调位置后，有 $G_1 = 0.63$，$G_2 = 31622.8$，$T_{e1} = 170\mathrm{K}$，$T_{e2} = 120\mathrm{K}$，$T_{e3} = 2000\mathrm{K}$，此时系统的等效噪声温度为

$$
T_e = 170\mathrm{K} + \frac{120\mathrm{K}}{0.63} + \frac{2000\mathrm{K}}{31622.8 \times 0.63} = 360.5\mathrm{K}
$$

由式（3-23）并结合例3-7中第一步计算可见，若第一级网络的增益 G_1 很大，则级联网络的总的等效噪声温度由第一级网络的等效噪声温度决定，后面的网络对系统总的噪声特性影响很少。而从例3-7的第二步计算结果发现，若在高增益、低噪声放大器前插入有耗网络，则会显著增大系统的等效噪声温度，这也是卫星通信接收系统中通常将 LNA 尽可能接近接收天线安装以减小在 LNA 与天线间插入电缆损耗的原因。

3.2.6 噪声系数

除等效噪声温度以外另一种量化描述通信链路、设备中各部分噪声特性的方法是使用噪声系数（Noise Figure）。

如图 3-15a 所示，一个增益为 G、噪声带宽为 B_n、等效噪声温度为 T_e 的双端口网络，其输入端的信号—噪声功率比为 $\mathrm{SNR}_i = C_i/N_i$，输出端信号—噪声功率比为 $\mathrm{SNR}_o = C_o/N_o$，则两者的比值 $f = \mathrm{SNR}_i/\mathrm{SNR}_o$ 可以反映网络的噪声特性。这里需要说明的是，网络的输入噪声功率 N_i 是指可以通过网络并从输出端输出的"有效"的噪声功率，而不包括被网络的滤波作用滤除的噪声功率。例如，如果一个网络输入的是无限带宽（或者远大于网络的等效噪声带宽）、功率谱密度为 n_0 的噪声，网络等效噪声带宽为 B_n，则输入噪声功率按 $N_i = B_n n_0$ 计算。

我们可以得到输出信号功率为 $C_o = C_i G$，输出噪声功率为 $N_o = N_i G + kT_e G B_n$，于是

$$f = \frac{C_i/N_i}{\dfrac{C_i G}{N_i G + kT_e GB_n}} = 1 + \frac{kT_e B_n}{N_i}$$

显然，T_e 越大则 f 越大，T_e 为 0 时 f 有最小值 1。某些文献中将 f 称为"噪声因子（Noise Factor）"。

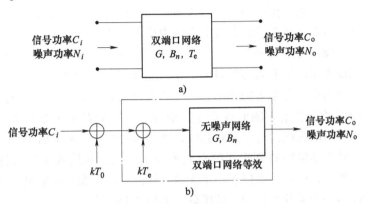

图 3-15 双端口网络的噪声系数

a）双端口网络的输入输出　b）网络等效电路

将图 3-15a 中的电路等效为图 3-15b，其中输入噪声与网络本身的噪声分别以输出噪声功率谱密度为 kT_0 和 kT_e 的噪声源代替，其中，$N_i = kT_0 B_n$。由于网络的等效噪声带宽 B_n 的滤波作用，因此即使两个噪声源产生噪声带宽是无限的，由于只有 B_n 带宽内的功率可通过网络，因此认为有效的输入与输出噪声功率分别为

$$N_i = kT_0 B_n$$

$$N_o = kT_0 GB_n + kT_e GB_n = k(T_0 + T_e)GB_n$$

这样噪声因子

$$f = \frac{\dfrac{C_i}{kT_0 B_n}}{\dfrac{C_i G}{k(T_0 + T_e)GB_n}} = 1 + \frac{T_e}{T_0}$$

相应地，输出噪声功率 $N_o = fkT_0 GB_n$

定义 $T_0 = 290K$ 时 f 的分贝形式为网络的**噪声系数**，则

$$\text{NF} = 10\lg f = 10\lg\left(1 + \frac{T_e}{290}\right)\ (\text{dB}) \tag{3-24}$$

相应地，有

$$T_e = 290\left(10^{\frac{\text{NF}}{10}} - 1\right)\ (\text{K}) \tag{3-25}$$

由式（3-24）、式（3-25）可见，NF 与等效噪声温度 T_e 有直接的对应关系，描述网络噪声特性时两者完全等价。

这里比较 T_e 与 NF 的关系式（3-25）和 T_e 与有耗网络损耗 ［A］ 的关系式（3-14），可以发现，一个无源有耗网络，当其处于室温下工作时，即 $T_0 = 290K$，其噪声系数 NF 与其损耗 ［A］ 是相等的。

3.2.7　天线噪声

工作于接收模式的天线会把噪声引入接收系统，这种由接收天线引入的噪声称为**天线噪声**。卫星与地球站的接收天线都会向各自的系统中引入天线噪声。

总的来看，天线噪声可分为两部分，一是由天线自身的物理结构形成的损耗引起的噪声；二是来自天线以外空间的非人为的射频干扰，通常称为射频噪声或天空噪声。

天线损耗是由反射面、支架等物理结构产生的吸收损耗。如 3.1.1 节所述，天线通常会定义两个效率，即口径效率 η_a 和辐射效率 η_r，前者主要影响着天线方向性，后者则产生信号经天线发射或接收时的损耗。对于接收系统，这种损耗会产生两个后果，一是使接收信号的功率下降，这一效果通常归算到天线的总效率 η 中，从而在接收天线增益中体现；二是由于损耗而造成的噪声，这一点类似于一个无源有耗网络产生噪声的情况。真实的接收天线可等效为无损天线与一个无源有耗网络的级联，如图 3-16a 所示。

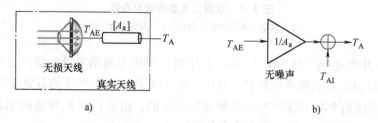

图 3-16　真实天线的等效框图及噪声合成

进一步地，可将真实天线等效为图 3-16b 所示的电路，于是利用式（3-15）有

$$T_A = T_{AI} + \frac{T_{AE}}{A_a} = T_{0A}\left(1 - 10^{\frac{-[A_a]}{10}}\right) + T_{AE} \times 10^{\frac{-[A_a]}{10}} \tag{3-26}$$

其中，T_{AI} 表示天线损耗引起的噪声的噪声温度，而 T_{AE} 则为由外部通过天线进入系统的噪声的噪声温度，T_{0A} 为天线的实际绝对温度。辐射效率无法达到 100% 所对应损耗 ［A_a］ 约 0.5 ~1.0dB，引入的噪声温度 T_{AI} 通常在数十开量级。

通过天线进入接收系统的射频噪声主要包括：

1）银河噪声。对于 1GHz 以下的频率，随频率降低而增大；对于卫星通信中通常使用的高于 1GHz 的频率，约为 2.7K。

2）地外噪声源。地外噪声源包括月球、太阳、行星等，其中最主要的是太阳噪声。

3）大气成分。大气中任何对无线电波有吸收作用的成分都会对信号造成损耗，同时会产生类似于无源有耗网络产生的噪声。大气中对通信信号具有吸收作用的成分包括氧气、水蒸气、云、雨等。

4）地面噪声。天线旁瓣或主瓣（低仰角工作时）指向地面，从而将地面噪声引入系统。

由外部进入天线的射频噪声，进入天线输出至后级电路的总噪声温度可以表示为

$$T_{AE} = \frac{\int_0^{2\pi}\int_0^{\pi}\left[G(\theta,\phi)T(\theta,\phi)\sin\theta\right]\mathrm{d}\theta\mathrm{d}\phi}{\int_0^{2\pi}\int_0^{\pi}\left[G(\theta,\phi)\sin\theta\right]\mathrm{d}\theta\mathrm{d}\phi} \tag{3-27}$$

其中，(θ,ϕ) 为空间方位角；$T(\theta,\phi)$ 为方向 (θ,ϕ) 上的热辐射体温度，而 $G(\theta,\phi)$ 为该方向上的天线增益。式（3-27）的含义是，天线接收到噪声的总等效噪声温度是方位 (θ,ϕ) 上噪声温度以该方向上归一化天线增益为权值的加权和。

1. 卫星天线噪声分析

对于指向地球的通信卫星天线如图 3-17a 所示，可认为在所有 $G(\theta,\phi)$ 非零的方向上，$T(\theta,\phi)$ 均为地球的噪声温度 $T_G \approx 290K$，这样由式（3-27）可知，对于卫星天线，其 T_{AE} $\approx 290K$。

当整个波束覆盖区内均出现降雨时（见图 3-17b），此时可以将其等效为图 3-17c 所示的分析电路框图。

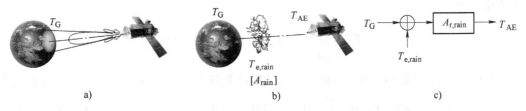

图 3-17　卫星接收天线外部噪声温度

a）卫星接收天线覆盖区　　b）覆盖区出现降雨情况　　c）等效框图

这样，卫星接收天线噪声温度为

$$T_{AE} = \frac{T_G + T_{e,rain}}{A_{rain}} = \frac{T_G + T_m\left(10^{\frac{[A_{rain}]}{10}} - 1\right)}{A_{rain}} = \frac{T_G}{A_{rain}} + T_m\left(1 - 10^{-\frac{[A_{rain}]}{10}}\right)$$

式中，T_m 为雨层温度，约 270K。可见 T_{AE} 的值是一个介于 290K 与 T_m 间的值，雨衰越大，越接近于 T_m，由于 T_m 本身与 T_G 差别不大，因此即使在这种情况下，卫星接收天线外部噪声温度与晴天相比也不会出现较大变化。注意到上述分析的前提是"整个波束覆盖区出现降雨"，这种情况仅对一些点波束卫星可能出现，而对于大多数覆盖区面积较大的卫星，少部分区域的降雨不会对卫星 T_{AE} 造成明显的影响，工程上一般忽略降雨对卫星接收天线噪声温度的影响。

2. 地球站天线噪声分析

地球站的接收天线外部噪声的引入如图 3-18 所示，成分包括银河与宇宙天体噪声、大气噪声（含雨雪云雾等天气引入的噪声）、地面噪声以及可能的人为噪声，通常将前两者总称为"天空噪声"。天空噪声温度与地面噪声温度合成为外部噪声温度 T_{AE}，即

$$T_{AE} = T_{sky} + T_G \tag{3-28}$$

式中，T_{sky} 为天空噪声；T_G 为地面噪声。天线

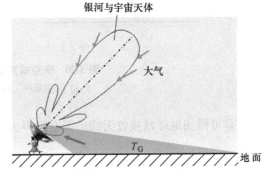

图 3-18　进入地球站天线的外部噪声

所引入的地面噪声与天线的方向特性、工作仰角有密切关系，同一天线，通常仰角越低，地面噪声越大。在卫星天线设计中，一般要求在最低工作仰角时，T_G 应不超过 20K。

与地面、银河、宇宙天体噪声等直接的辐射源不同，大气噪声是由大气层中的各种成分所发出的热噪声，这一噪声可以用基尔霍夫定律加以分析——在热力学平衡条件下，所有频率上，气体发出的热噪声与其（对信号的）吸收相等，这一现象由此可以得到天线任意一个方向 (θ, ϕ) 上的大气热噪声。其分析结果与将方向 (θ, ϕ) 大气等效为如图 3-19 所示的一个损耗为 $[A_{atm}]$ 的吸收网络的分析结果非常近似。需要强调的是，这里的损耗 $[A_{atm}]$ 是包括大气层吸收损耗的（见 3.3.1 节）。

图 3-19 大气层吸收的等效电路

按式（3-14），温度为 T_m 的大气，输入端等效噪声温度为 $T_e = T_m (10^{\frac{[A_{atm}]}{10}} - 1)$（K），折算到介质输出端，上述噪声温度被衰减 $[A_{atm}]$dB，于是在等效网络的输出端有

$$T_{atm} = \frac{T_e}{10^{\frac{[A_{atm}]}{10}}} = T_m (1 - 10^{\frac{-[A_{atm}]}{10}}) \ (\text{K})$$

由此可知，若天线 (θ, ϕ) 方向上的大气吸收损耗是 $[A_{atm}]$dB，则在该方向上的亮度温度为 $T_b(\theta, \phi) = T_{atm} = T_m (1 - 10^{\frac{-[A_{atm}]}{10}})$（K）。可认为各方向大气热噪声温度近似相同，将其引入式（3-27）可以得到

$$T_{atm} = T_m (1 - 10^{\frac{-[A_{atm}]}{10}}) \tag{3-29}$$

式中，大气温度 T_m 可根据地表温度 T_s 按下式计算（多云间晴天气）

$$T_m = (37.47 + 0.81 T_s) \ (\text{K}) \tag{3-30}$$

对于无法确定天线情况以及地表温度的情况下，上式中 T_m 可简单设定为 275K。

银河噪声、宇宙天体噪声均来自大气层以外（见图 3-20a），可以得到如图 3-20b 所示的等效分析电路。

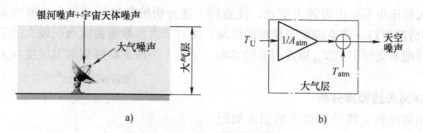

a)   b)

图 3-20 天空噪声及其等效分析电路

a）天空噪声 b）等效传播框图

于是可得到地球站接收天线的天空噪声为

$$T_{sky} = T_{atm} + \frac{T_U}{A_{atm}} = [T_m (1 - 10^{\frac{-[A_{atm}]}{10}}) + T_U \times 10^{\frac{-[A_{atm}]}{10}}] \ (\text{K}) \tag{3-31}$$

式中，T_U 为银河噪声与宇宙噪声温度，对于卫星通信常用的 2~30GHz 的频带，取 2.7K。

由式（3-26）、式（3-28）、式（3-29），可得到出现雨雪云雾等天气的非净空与净空（晴天，无云）情况下的天线噪声温度 $T_{A,nc}$ 与 $T_{A,c}$ 之差为

$$T_{A,nc}-T_{A,c}=(T_m(1-10^{\frac{-([A_{atm,nc}]-[A_{atm,c}])}{10}})-T_U(1-10^{\frac{-([A_{atm,nc}]-[A_{atm,c}])}{10}}))10^{\frac{-[A_{atm,c}]}{10}}\times10^{\frac{-[A_a]}{10}}$$

式中，$[A_{atm,c}]$ 为净空情况下的大气层吸收损耗；$[A_{atm,nc}]$ 为非净空情况下的大气层吸收损耗；$[A_a]$ 为天线内部损耗。工程中为简化计算，可将上式取最差情况，即

$$T_{A,nc}-T_{A,c}\approx T_m(1-10^{\frac{-([A_{atm,nc}]-[A_{atm,c}])}{10}}) \tag{3-32}$$

相应地，在出现天气变化导致大气层吸收损耗增大时，地球站接收天线噪声温度增量为

$$T_{A,nc}\approx T_{A,c}+T_m(1-10^{\frac{-([A_{atm,nc}]-[A_{atm,c}])}{10}}) \tag{3-33}$$

通常认为在净空情况下，C 频段地球站接收天线的天线噪声 $T_{A,c}$ 为 50~60K，而 Ku 频段则为 60~80K。

接收天线的噪声温度呈现于天线的输出端（见图 3-21），即与接收设备的接口处。这样，如果接收天线的噪声温度为 T_A，接收系统的噪声温度为 T_R，则在接收系统入口处，总的等效噪声温度为

$$T_e=T_A+T_R \tag{3-34}$$

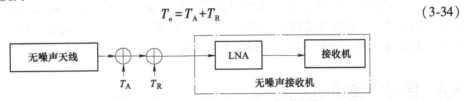

图 3-21　包含天线在内的接收系统等效噪声温度

例 3-8　某接收机等效噪声温度为 120K，净空情况下大气损耗为 0.2dB，天线噪声温度为 60K，求接收系统总的噪声温度；在降雨天气下，降雨产生 10dB 雨衰，计算此时的接收系统等效噪声温度。

解：首先计算净空情况下的接收系统等效噪声温度

$$T_e=T_A+T_R=60K+120K=180K$$

在出现降雨产生 10dB 雨衰时，大气层吸收损耗增加，即 $[A_{atm,nc}]-[A_{atm,c}]=10dB$，于是由式（3-33）可得降雨情况下天线噪声温度为

$$T_{A,nc}\approx T_{A,c}+T_m(1-10^{\frac{-([A_{atm,nc}]-[A_{atm,c}])}{10}})=60K+275\times(1-10^{\frac{-10}{10}})K=307.5K$$

这样，接收系统总的噪声温度为

$$T_e=T_A+T_R=307.5K+120K=427.5K$$

3.2.8　接收系统的品质因数

卫星通信系统接收端（如卫星站的接收端、卫星的接收端）的效率一般用**品质因数**（Figure of Merit）来表征，通常称为 G/T 值。它是接收天线增益与接收机总的等效噪声温度的比值。其中接收系统噪声温度如按式（3-34）计算，则参考点应是天线出口处。例如一个接收天线增益为 40dB、接收系统等效噪声温度为 120K 的系统，其 G/T 值为

$$G/T=\frac{10^{\frac{40}{10}}}{120}K=83.33K^{-1}$$

分贝形式为 $[G/T] = (40 - 10\lg 120) \, dB/K = 19.2 \, dB/K$

G/T 值是衡量接收系统性能的重要参数。当接收天线口面信号通量密度为 W 时，则对于一个有效面积为 A_e 的接收天线，接收信号功率为 $P_R = W A_e$，由式（3-1）有 $A_e = G \dfrac{\lambda^2}{4\pi}$，于是信号接收功率 $P_R = W G \dfrac{\lambda^2}{4\pi}$，并可得到接收机入口处的信号—噪声功率比

$$\frac{C}{N} = \frac{P_R}{kTB_n} = W \frac{G\lambda^2}{T 4\pi k B_n}$$

式中，除了常数项外，W 由发送方 EIRP 以及传播路径上的损耗决定，λ 由所选用的信号频率决定，B_n 则由所传输信号的符号速率决定。这样，只要给出了接收系统的 G/T，即可确定接收系统信号—噪声功率比，而这一比值决定了通信系统的可靠性。

由于应用的差异，G/T 值可能的取值范围变化较大。例如同样是 5m 直径的天线，工作于 Ku 频段与 C 频段时其增益分别约为 53dB、44dB，而移动卫星通信中的终端天线增益可能仅有 5dB 左右。

此外，根据式（3-34），接收系统总的等效噪声温度为天线噪声温度与接收机噪声温度之和。而天线噪声温度又受到天线仰角、天气等因素的影响，因此即使同样的接收天线与接收机，其 G/T 因布设位置不同而出现差异，且随天气变化而变化。

3.3　信号传播损耗

信号在卫星与地球站之间传播，路径长度因卫星轨道高度以及地球站位置的不同而不同，通常在数百至数万公里。信号在路径上传播时，所经过的传播介质包括自由空间和地球大气层，如图 3-22a 所示。按照气象学的划分，地球大气层由低到高包括对流层、平流层、中间层、热层，热层之上到自由空间之间还有更加稀薄的外逸层。

大气层中的对流层、平流层、中间层的气体为中性，有时将三者合称为"中性层"或"非电离层"。大气层的空气分子密度随高度增加而降低（见图 3-22b），对流层密度最高，空气分子以及对流层中的各种天气对电磁波影响的表现也最为明显。

热层由于太阳的辐射使部分气体分子电离形成独立的自由电子与离子，因此热层也称电离层。电离层电子密度随高度的分布如图 3-22c 所示。由于高层受到辐射强度更强，但空气分子密度低，而下层空气分子密度相对较高但辐射强度低，因此电离层的电子密度在高度上的分布基本呈现上、下低，中间高的特点。

电磁波在传播过程中可能出现多种传播现象，以下为 IEEE 对几种常见现象的定义，这些定义有助于本节内容的理解。

1) 吸收：由无线电波到其他物质不可逆的能量变化引起的电磁波幅度（场强）的损失或降低。

2) 散射：由于传播介质的不均匀性造成的无线电波能量在各个方向上扩散的过程。

3) 折射：由空间传播介质折射率的变化导致的无线电波传播方向的变化。

4) 闪烁：由传播路径中小的不规则物体造成的无线电波幅度和相位随时间的快速波动。

5) 色散：由色散介质造成的整个无线电波带宽上的频率和相位分量变化。色散介质是

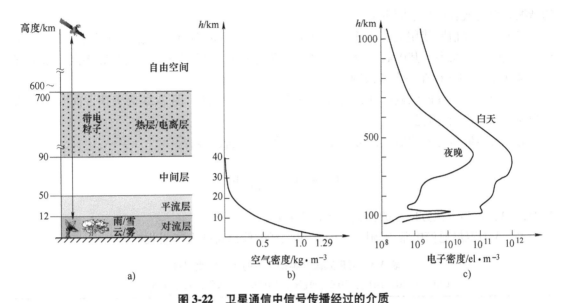

图 3-22　卫星通信中信号传播经过的介质

a）卫星信号传播路径中的介质　b）大气层空气密度随高度的变化　c）电离层电子密度随高度的变化

指其基本特性（介电常数、磁导率、电导率）取决于频率（时间色散）或电波方向（空间色散）的介质。

对于卫星通信，吸收与散射现象主要发生在信号穿越气体分子密度较高的对流层过程中；色散则主要出现在信号穿过存在大量带电粒子的电离层的过程中；折射与闪烁现象在信号通过对流层和电离层时均会出现。

3.3.1　吸收损耗

无线电信号穿越大气层时，部分功率会被大气层中的物质吸收，从而造成功率损失。此外，如 3.2.6 节所讨论的，吸收损耗的后果不仅是信号功率的下降，还会造成接收天线噪声温度的增加。

3.3.1.1　气体衰减

即使在晴朗的天气下，大气层中的气体分子也会吸收电磁波的能量。气体分子对电波能量的吸收是由分子转动能量的子能级变化引起的，吸收能量的大小与大气温度、压力、水蒸气浓度以及信号频率有关，较严重的吸收发生在特定

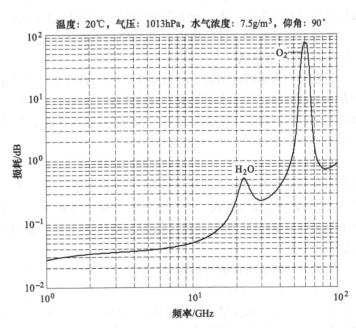

图 3-23　天顶方向大气吸收损耗

的谐振频率上或者说是窄频带上。

目前空间通信所使用或可能使用的 100GHz 以下频率范围内，仅有氧分子与水蒸气分子具有明显的谐振频率，其中氧气分子在 60GHz 附近存在一系列密集的吸收频率点，水蒸气分子则在 22.3GHz 存在一个谐振频率点。

在这两个吸收峰值区域以外，大气吸收造成的损耗较低，图 3-23 为天顶方向（仰角为 90°方向）大气吸收损耗。

对于天线仰角为 θ 的情况，可以按下式计算大气吸收损耗：

$$[A_G] = [A_{90°}] \frac{1}{\sin\theta} (dB)$$

式中，$[A_{90°}]$ 为天顶方向上的损耗，单位为 dB。

表 3-3 为卫星通信中常用频段在 10°、30°、90°仰角时的大气吸收损耗。

表 3-3 常用频段几种仰角下的大气吸收损耗

（单位：dB，温度：20℃，气压：1013hPa，水气浓度：7.5g/m³）

仰角/(°)	频 段				
	L （1~2GHz）	S （2~4GHz）	C （4~8GHz）	Ku （12~18GHz）	Ka （27~40GHz）
90	0.03	0.04	0.04	0.14	0.396
30	0.06	0.07	0.09	0.28	0.79
10	0.17	0.21	0.25	0.81	2.28

从表中数据可见，在移动卫星业务常用的 L、S 频段，即使仰角很低的情况下，大气吸收损耗也只有 0.2dB 左右。而在固定卫星业务使用的较高频率，大气吸收损耗随频率升高而表现得越来越明显，这一趋势在图 3-23 中也有体现。

3.3.1.2 云、雾衰减

云和雾均为水的凝结物，由悬浮于空中的直径小于 0.1mm（与之对比，雨滴直径则通常在 0.1~10mm）的小水滴组成，这些水滴是液态水，其特性不同于水蒸气分子。云和雾中的液态水对电磁波会产生吸收作用，从而造成信号损耗。单位距离上云、雾对信号的损耗可表示为

$$\gamma_c = \kappa_c M (dB/km) \tag{3-35}$$

式中，M 为液态水浓度，即单位体积内液态水的质量，单位为 g/m³；κ_c 为衰减率，单位为（dB/km）/（g/m³），是一个与信号频率和水的复介电常数有关的量。图 3-24 为几种温度下衰减率 κ_c 随信号频率变化的情况。通常对于云，温度约为 0℃，而雾则按地表温度计算。

云的平均液态水含量变化较大，从 0.05~2g/m³，在雷暴天气下曾经观测到过积云液态水含量达到 5g/m³，而在晴天，积云液态水含量一般不会超过 1g/m³。表 3-4 总结了一些常见类型的云的液态水含量，作为对比，也列出了两种雾的数据。需要说明的是，虽然浓雾液态水含量较高，单位距离上造成的损耗较大，但由于雾厚度一般为几十至一、二百米，即使

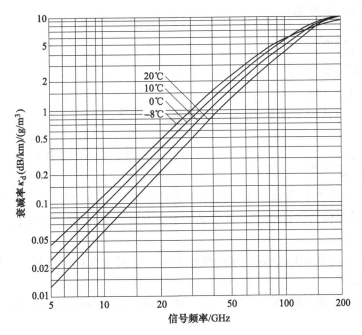

图 3-24　几种温度下衰减率 κ_c 随信号频率变化的情况

在较低仰角的传播路径下信号穿过雾的总距径长度比也较小，通常在几百米量级，因此在100GHz 以下的链路中，雾造成的衰减可以忽略不计。厚度达到 1km 的浓雾会对信号造成零点几分贝的损耗，但这类雾出现概率很小。因此在进行链路分析过程中，通常只考虑云所造成的影响。

　　卫星通信信号通常不是以 90°角穿越云层，此时需要考虑路径仰角对穿越云层路径长度的影响。

表 3-4　一些常见云、雾类型的液态水浓度

云、雾类型	液态水浓度 $/g \cdot m^{-3}$
晴天的积云	0.15
层积云	0.16
层云（陆地上空）	0.27
高层云	0.46
层云（水面上空）	0.49
浓积云	0.67
积雨云	0.98
雨层云	0.99
中雾（300m 量级能见距离）	0.05
浓雾（50m 量级能见距离）	0.50

　　如图 3-25 所示，若云层厚度为 d（以"km"为单位），信号传播路径仰角为 θ，则信号

在云层中传播的路径长度为

$$l = \frac{d}{\sin\theta}(\text{km}) \qquad (3\text{-}36)$$

这样,信号损耗为

$$[A_\text{C}] = l\gamma_\text{c}(\text{dB})$$

将式(3-35)、式(3-36)代入得

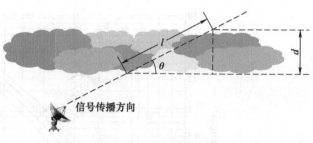

图 3-25 信号穿越云层

$$[A_\text{C}] = \frac{L}{\sin\theta}\kappa_\text{c}(\text{dB}) \qquad (3\text{-}37)$$

式中,L 是贯穿云层的单位截面积垂直柱体内液态水含量,$L = dM$,注意到式中 d 以 "km" 为单位,因此 L 的单位为 "kg/m^2"。其含义为垂直方向贯穿云/雾层的单位面积柱体内液态水含量。

例 3-9 云层厚度 0.67km,液态水浓度 0.29g/m^3,对于 10GHz 信号,计算 30° 仰角时云对信号造成的损耗。

解: 从图 3-24 可得,在 0℃ 气温下,$\kappa_\text{c} \approx 0.1(\text{dB/km})/(\text{g/m}^3)$,于是可得单位距离上造成的损耗为

$$\gamma_\text{c} = 0.1 \times 0.29\text{dB/km} = 0.029\text{dB/km}$$

路径长度 $l = \dfrac{0.67\text{km}}{\sin 30°} = 1.34\text{km}$

于是可得到云层造成的信号损耗为 $[A_\text{C}] = 1.34 \times 0.029\text{dB} \approx 0.039\text{dB}$

此问题也可按式(3-37)通过首先计算单位截面积垂直柱体内液态水含量的方法来计算,可作为课后习题。

3.3.1.3 雨衰

由降雨而导致的信号功率损失常称为**雨衰**。雨衰是由于雨滴吸收和散射无线电波能量造成的。降雨的另一个后果是去极化效应,这将在 3.3.2 节进行讨论。雨衰的大小主要取决于信号频率、极化方向、降雨率、信号穿越雨区的长度等因素,而信号穿过雨层的长度,又与卫星相对地球站仰角、地球站海拔以及云层海拔有关(见图 3-26)。降雨云层高度各地有所不同,通常在 4km 左右。

最常采用的雨衰模型中,信号穿过雨区后的雨衰为

$$[A_\text{R}] = L_\text{E}\gamma_\text{R}(\text{dB}) \qquad (3\text{-}38)$$

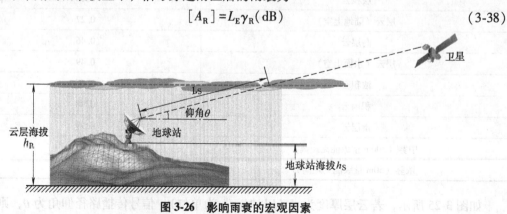

图 3-26 影响雨衰的宏观因素

式中，L_E 为有效路径长度，它与图 3-27 中的路径长度 L_S 有关但并不等于 L_S；γ_R 为单位距离上降雨造成的信号损耗（也称为"降雨衰减率"），为

$$\gamma_R = kR^\alpha\,(\mathrm{dB/km}) \tag{3-39}$$

式中，R 为降雨率，也称"降水率"或"降水强度"，即雨水在单位截面积的容器中蓄积的速度，单位为 mm/h；k 和 α 则是两个与频率、传播路径仰角以及信号极化倾角有关的参数。

为了更好地理解雨衰与各种因素的关系，以下介绍 ITU-R 雨衰模型以对雨衰有更深一步的了解。

雨衰计算模型中两个参数计算方法如下：

$$k = \frac{k_H + k_V + (k_H - k_V)\cos^2\theta\cos 2\tau}{2} \tag{3-40}$$

$$\alpha = \frac{k_H\alpha_H + k_V\alpha_V + (k_H\alpha_H - k_V\alpha_V)\cos^2\theta\cos 2\tau}{2k}$$

式中，τ 为信号的极化倾角，是指信号极化方向与地球站当地水平面的夹角；θ 为图 3-26 中的路径仰角。

式（3-40）中与频率对应的 α_H、α_V、k_H、k_V 与频率的关系如图 3-27 所示。

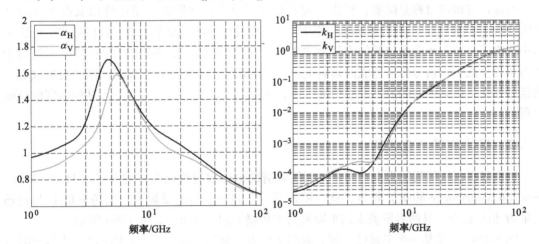

图 3-27 α_H、α_V、k_H、k_V 随频率的变化情况

观察图 3-27 可见，对于相同的频率，α_H 与 α_V、k_H 与 k_V 虽有一定差别，但差别并不大。结合式（3-40）可见，实际信号计算 γ_R 时采用的 α 和 k 分别与 α_H、α_V 和 k_H、k_V 有较小差别。图 3-28 中按 ITU 模型给出了相同仰角下不同极化倾角、相同极化倾角下不同仰角对衰减率与频率的关系，对于相同的频率，这两个角度只会造成较微小的差别。

从图 3-28 也可看出，对于 42mm/h 的降雨率，在移动卫星通信常用的 3GHz 以下频段，γ_R 在 0.01dB/km 量级；固定卫星业务常用的 3GHz 以上频段中，对于 C 频段（6GHz/4GHz）信号，损耗 γ_R 在 0.2dB/km 以下；10GHz 以上的 Ku 频段（14GHz/12GHz）则达到 2dB/km。

降雨仅发生在某些时间段，发生降雨时，降雨率也存在差别并随时间变化。通常以概率的形式描述某个地区的降雨情况，如果某个地区降雨率超过某个值 v 的概率为 $p\%$，则将该地降雨率记为 $R_p = v$。例如某地降雨超过 42mm/h 的概率为 0.01%，则该地降雨率 $R_{0.01} =$

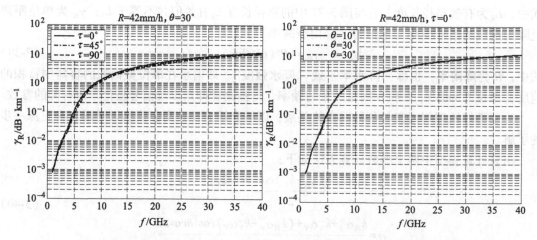

图 3-28　降雨率 42mm/h 下不同仰角、极化倾角下的衰减率与频率的关系

42mm/h。这样，对于该地区一条给定的卫星信号传播路径，计算得到 R_p 所对应的雨衰值 $[A_p]$，由此可知该路径上雨衰超过 $[A_p]$ 的概率为 $p\%$。

与降雨类似的过程是降雪，但由于通常情况下降雪的实际降水量比降雨低得多（中到大雪 24h 降水量只有 3.8~7.4mm），同时雪的主要成分为冰晶而非水滴，对信号产生的影响远小于降雨。液态水含量较低的雪称为"干雪"，而含量较高的则称为"湿雪"。干雪由于液态水含量低，对信号传播造成的影响很小；湿雪从特性上更接近于降雨，因此会造成更大的信号损耗，但高强度的湿雪发生情况很小，可以在统计上忽略，或者归入某种强度的降雨过程。

3.3.2　极化旋转与去极化

远离发送天线的远区自由空间中，天线辐射的电磁波呈横向电磁波模式（TEM，Transverse Electromagnetic Mode）特性，这一模式下，空间一点的电磁场中，电场矢量 E 与磁场矢量 H 相互正交，且两者所确定的平面垂直于传播方向矢量 k，如图 3-29a 所示。

图 3-29b、c 是某一个电磁波空间、时间上的电、磁场矢量示意图。图 3-29b 为特定时刻沿传播方向上各点的电场、磁场矢量空间分布示意图；图 3-29c 则是空间中某一点电场、磁场矢量随时间变化的示意图。

电场和磁场都是随时间变化的，且磁场与电场完全同步变化，两者幅度成正比关系，所以在讨论中只需考虑电场。电磁波的**极化**就是电场矢量振动的方向。

考虑以电波传播方向为 z 轴，并定义 x、y 轴建立一个坐标系，将 z 轴上各点的电场矢量 E 在 x、y 方向分解为正交矢量 E_x 与 E_y 并加以分析，如图 3-30a 所示。在最一般意义上，E_x 与 E_y 的幅度、相位关系不确定，此时电场矢量 E 端点会沿着一个椭圆变化，称之为**椭圆极化**，如图 3-30b 所示；如果对椭圆极化加以限制，令 E_x 与 E_y 的幅度相等且相位之差为 $\pm 90°$，则电场矢量 E 端点会沿着一个圆变化，称之为**圆极化**，如图 3-30c 所示；如果对椭圆极化加以限制，令 E_x 与 E_y 的相位相同，则电场矢量端点会沿着一条直线变化，称为**线极化**，如图 3-30d 所示。卫星通信中通常使用线极化与圆极化两种极化方式的电磁波。

圆极化方式根据旋转方向分为右旋圆极化与左旋圆极化。"右旋圆极化"（RHCP，Right

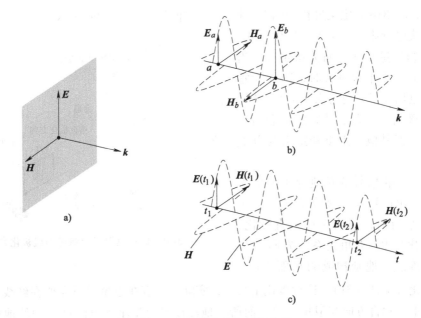

图 3-29　电场矢量与磁场矢量

a) 空间一点的电场、磁场与传播方向矢量　b) 某时刻传播方向上的一种电场、磁场矢量分布
c) 某点的电场、磁场矢量随时间变化的一种情况

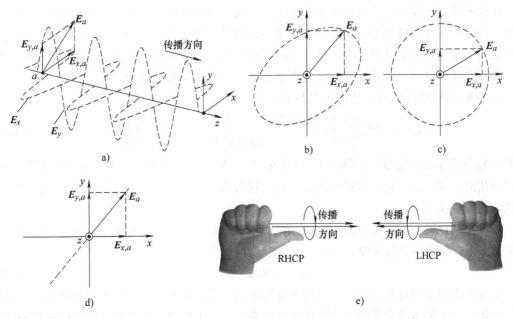

图 3-30　几种极化方式

a) 两个电场分量的合成　b) 随圆极化　c) 圆极化　d) 线极化　e) 圆极化的旋转方向定义

Hand Circular Polarized) 的定义是指电场矢量的旋转方向与传播方向服从右手定则，即以右手拇指指向电波传播方向，其余四指握拳时四指的指向与电场矢量旋转方向一致；相应地，"左旋圆极化"（LHCP，Left Hand Circular Polarized) 则是电场矢量旋转方向与传播方向服

从左手定则，将 RHCP 定义过程中的右手换为左手即可，如图 3-30e 所示。

早期无线电行业中，对于线极化方式，通常依据电场矢量与水平面关系定义。当电场矢量方向与水平面垂直时，则称为**垂直极化**；当电场矢量方向与水平面平行时，则称为**水平极化**。尽管卫星通信中沿用了这两个术语，但其概念上重新定义为以卫星为参考。

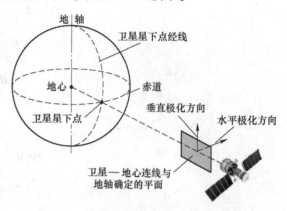

以使用线极化信号的对地静止卫星为例，当卫星发出信号（或接收信号）电场矢量与地轴平行时，则认为是垂直极化，而与垂直极化呈 90° 夹角关系的方向（与卫星—地心连线、地轴构成的平面方向）

图 3-31　以通信卫星为参考的线极化方向

则为水平极化（见图 3-31）。这种极化定义下，实际上只有在卫星星下点所在经线上的地球站天线的水平、垂直方向与卫星一致，而所在地经度与卫星星下点经度不同的地球站的垂直、水平方向与卫星并不一致。这样，对于与 GEO 卫星传送信号的地球站，来自或发往卫星的线极化信号，极化方向相对于当地水平面的角度需通过地球站位置以及卫星经度计算，而不是以地球站本地的垂直、水平方向为准。

接收天线极化需要与信号极化相匹配才可以高效地接收信号。对于圆极化信号，需要使用旋转方向相同的圆极化天线接收；对于线极化信号，则需要使用与信号极化方向一致的线极化天线接收。若由于某种原因，接收天线极化参数与信号极化参数不一致，就会使得接收信号中只有部分功率被接收，造成**极化误差损耗**（也称极化失配损耗）。

对于圆/椭圆极化信号，其极化误差损耗为

$$[L_P] = -10\lg\left\{\frac{1}{2}\left[1 + \frac{\pm 4X_S X_R + (1-X_S^2)(1-X_R^2)\cos 2\alpha}{(1+X_S^2)(1+X_R^2)}\right]\right\}(\text{dB}) \tag{3-41}$$

式中，X_S 为信号的极化轴比，即图 3-32a 中的"长轴"与"短轴"之比，轴比为无穷大时，为线极化波，轴比为 1 时，为圆极化波；X_R 为接收天线轴比；α 为信号与接收天线长轴（或短轴）之间的夹角。

对于线极化波，根据图 3-32b 所示，信号可分解为接收天线极化方向的分量与一个与之正交的分量，后者不能被接收，这样，极化误差损耗为

$$[L_P] = -10\lg[\cos\alpha^2] \tag{3-42}$$

造成极化误差损耗的原因除了设备本身实现与安装过程中产生的极化误差以外，还包括信号传播过程中传播媒质造成的信号极化方向变化，其中最主要的是穿越电离层过程中产生的极化旋转与穿越降雨区域遭受的去极化效应。

3.3.2.1　极化旋转

极化旋转是指在地球磁场内，由电磁波与电离层中的自由电子相互作用造成的电磁波极化方向的旋转，这一旋转也称为**法拉第效应**。法拉第效应造成的电磁波极化方向旋转角度可用下式计算

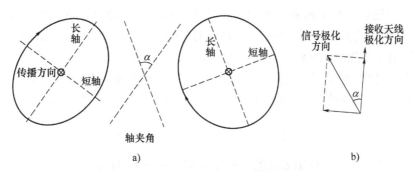

图 3-32　圆/椭圆极化与线极化的有关极化方向

a）圆/椭圆极化情况　b）线极化情况

$$\theta = \frac{2.365 \times 10^{-14} B_{av} N_T}{f^2} (\text{rad}) \tag{3-43}$$

式中，B_{av} 为平均地磁场感应强度（T 或 Wb/m²）；f 为信号频率（GHz）；N_T 为沿信号传播方向的 TEC（Total Electron Content），即电子总含量（el/m²），其定义为沿传播路径贯穿电离层的单位截面积柱体内所含的电子个数。

电离层电子密度随季节、昼夜、太阳活动周期而变化，这导致信号极化旋转角度也会随时间而变化，这种较为缓慢地变化可以通过模型进行预测，并通过对天线极化方向的调节加以补偿。但由地磁暴、小范围的激烈电离层扰动会造成小概率、大幅度的预测偏差。

一般情况下，电离层电子含量通常在 $10^{16} \sim 10^{18}$ el/m² 范围内，极特殊情况下接近 10^{19} el/m²；B_{av} 通常为 $5 \times 10^{-5} \sim 6 \times 10^{-5}$ Wb/m²，一般的概率计算中可取 $B_{av} = 5 \times 10^{-5}$ Wb/m²。图 3-33 为 100MHz~100GHz 频率范围内的不同电离层电子含量下的法拉第旋转角度与频率的关系，为了更方便使用，已将角度单位转换为"°"。

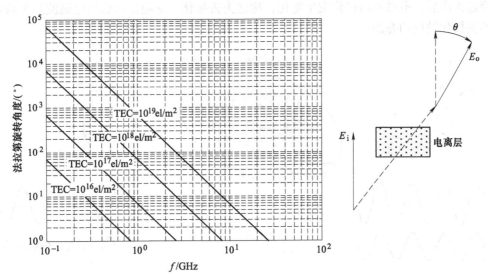

图 3-33　不同电离层 TEC 下的法拉第旋转角度以及由旋转造成的接收功率损失

从图 3-33 中可以看到，信号较低（如 1GHz 以下频段）法拉第效应造成的极化旋转可能非常严重，而较高的频率则有较小的旋转角度。例如图 3-33 中，在 TEC = 10^{17} el/m^2 情况下，300MHz 频率上的极化旋转达到 75°，而 1GHz 频率的信号只有 1.8°。同时，较低频率信号在电子含量出现变化时，旋转角度的变化量也远远大于高频段信号。

如前所述，接收天线需要与接收信号极化相匹配，对于线极化信号，当极化方向旋转 θ 角后，接收天线也需要旋转同样的角度，否则会造成信号损耗。损耗大小为

$$[A_\mathrm{F}] = 10\lg\left(\frac{|E_\mathrm{i}|^2}{|E_\mathrm{o}|^2\cos^2\theta}\right) = -10\lg(\cos^2\theta)\,(\mathrm{dB})$$

而对于圆极化信号，法拉第效应的后果是其两个正交分量同时旋转 θ 角，而并不改变两者的幅度及相位，两者的合成矢量仍是相同旋转方向的圆极化信号。在较低频率，法拉第效应造成的极化旋转角度很大，若使用线极化信号，则需要进行极化跟踪以减小极化误差损耗。而使用圆极化信号可以使接收天线不受影响地接收信号，因此更加合适。在固定卫星业务使用的 3GHz 以上频段，即使在较大的电子密度下，极化旋转角度仍较小（一般在几度以内）；即使接收天线极化不作调整，造成的信号损失也很小。为了提高频谱利用率，通常使用线极化信号以实现频率的重用（见 3.4.1 节）。

3.3.2.2　降雨的去极化

理想情况下的雨滴在表面张力作用下形成一个圆球形状。雨滴下落过程中在空气阻力作用下会产生形变，较小的雨滴仍近似为圆球形，而较大的雨滴则近似呈椭球形，其短轴垂直于水平面，长轴则平行于水平面。实际的下落过程更为复杂，雨滴不但会发生上述空气阻力引起的形变，还会在发生无规律的倾斜，即短、长轴不再分别垂直、平行于水平面。

如图 3-34 所示，对于一个椭球形雨滴，电磁波电场可分解为雨滴长轴方向的分量和与之正交的短轴方向分量，这两个分量在穿越雨滴后，其幅度和相位均发生不同的变化，这使得在穿过雨滴后，电磁波的极化发生变化，称之为**去极化**。穿越雨区后的电磁波是无数雨滴造成的去极化效应的叠加。

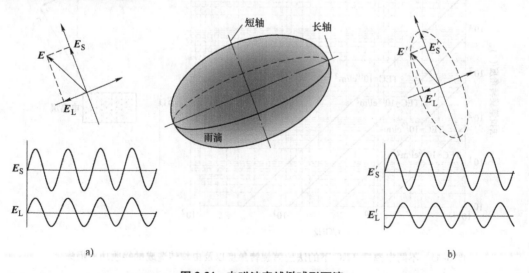

图 3-34　电磁波穿越椭球形雨滴

a) 穿越雨滴前的电场矢量及其分解　b) 穿越雨滴后的电场矢量及其分解

不同于法拉第效应仅是造成极化方向的旋转，降雨去极化效应会使电磁波的极化发生改变（图 3-34 中的情况就是从线极化变成了椭圆极化）。对于法拉第效应造成的极化旋转，理论上如果接收方可以适当调整其接收天线极化方向，可以无损失地接收信号。但降雨去极化情况下，无论怎样调整接收天线极化方向，总有一部分信号能量无法被接收到。

图 3-34 所示的去极化的结果是由线极化变为了椭圆极化，将椭圆极化分解，可得到原极化方向（即 $\boldsymbol{E}$ 的方向）以及一个与 $\boldsymbol{E}$ 正交的极化方向，这意味着部分信号能量转化到了原本与之正交的极化方向上。图 3-35a 给出了这一过程的示意。在固定卫星业务中为提高频率资源的利用率，常会以极化分离的方式实现频率的重用（即以在相同的频带内，以正交极化分别传送两个不同的信号，见 3.4 节），这种情况下，去极化会造成两个信号间的相互干扰。如图 3-35b 所示，图中 E_v 与 E_h 为两个极化方向正交的线极化信号，两者传送不同信息。E_{hv} 和 E_{hh} 是 E_h 去极化后的两个分量，E_{vh} 和 E_{vv} 则是 E_v 去极化后的两个分量，其中 E_{vh} 与 E_{hh} 极化方向相同，会对 E_h 信号的接收站造成干扰，同理 E_{hv} 也会对 E_v 信号接收站造成干扰。

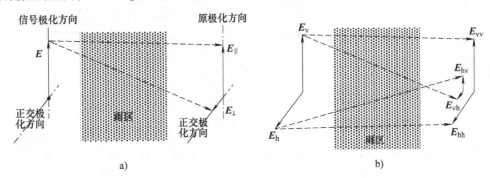

图 3-35　线极化传播路径中的去极化

a）线极化信号的去极化　b）相互正交的线极化信号的去极化

去极化效应的程度通常以交叉极化鉴别度（XPD，Cross-Polarization Discrimination）进行量化描述。如图 3-35a 所示，该参数定义为

$$XPD = 20\lg\frac{|\boldsymbol{E}_\parallel|}{|\boldsymbol{E}_\perp|} \tag{3-44}$$

将降雨引起的衰减与去极化分开考虑，即认为上述去极化过程不产生损耗，则有 $|\boldsymbol{E}_\parallel|^2 + |\boldsymbol{E}_\perp|^2 = |\boldsymbol{E}|^2$。式（3-44）与此式结合可得到损耗

$$[A]_{dp} = 10\lg\left(\frac{|\boldsymbol{E}|^2}{|\boldsymbol{E}_\parallel|^2}\right) = 10\lg\left(1 + 10^{\frac{-XPD}{10}}\right)(dB)$$

图 3-36 是按 ITU-R 模型计算的北京（纬度 40°N）地区 0.01% 概率（对应超越概率的降雨强度为 42mm/h）、4~35GHz 频率范围内两种极化倾角信号的不同路径仰角下的 XPD，以及由于部分能量转化至正交极化方向所造成的损耗。该模型中，XPD 与雨衰 A_p 及与雨衰对应的超越概率 p、信号频率 f、信号传播路径仰角 θ、极化倾角 τ 有关。其中极化倾角 45° 时 XPD 为最差。由于圆极化信号按 45° 计算，因此圆极化信号降雨去极化的 XPD 是最差的。计算图中数据时，雨衰计算过程中的雨层高度取 4km，地球站海拔为 36m。

由图中数据可见，在 4~8GHz 的 C 频段，30° 以上路径仰角由降雨去极化造成的损耗，在最差的 45° 极化倾角时也在 0.1dB 以下，一般的预算中可以忽略其影响；即使在 10°~20°

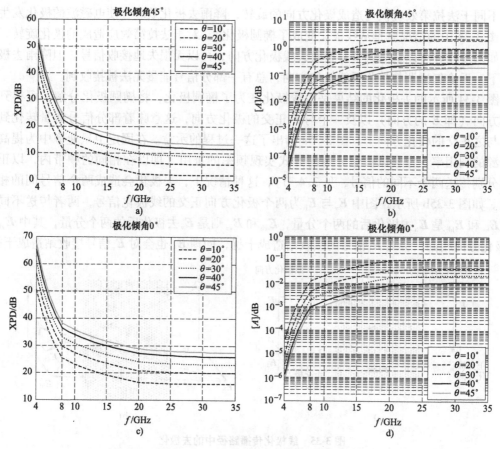

图 3-36　按模型计算的北京地区 XPD

a）极化倾角 45°时的 XPD　b）极化倾角 45°时去极化造成的损耗

c）极化倾角 0°时的 XPD　d）极化倾角 0°时去极化造成的损耗

的低仰角情况，最差的 45°极化倾角的损耗也在 0.2dB 以下。

在 10～15GHz 的 Ku 频段，30°以上仰角时最差极化倾角由去极化引起的信号损耗可达到 0.1～0.2dB，而其他极化倾角不到 0.1dB；而在 10°～20°的较低仰角时，则可能达到零点几分贝至 1dB。

图 3-37 是几种不同降雨率情况时的 30°路径仰角由降雨去极化所造成的信号损耗。虽然较大的降雨率使损耗明显增大，但 4～8GHz 的 C 频段损耗仍在 0.2dB 以

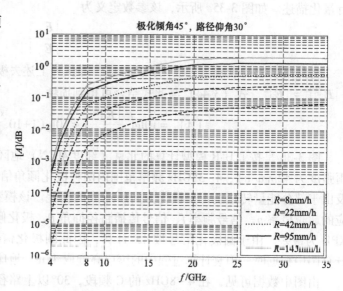

图 3-37　去极化损耗与信号频率的关系

下，而 10~15GHz 的 Ku 频段信号，在降雨率 145mm/h 的降雨情况时，可能达到 1dB 的去极化损耗。

3.3.3　大气层闪烁

不同于大气层介质对信号能量吸收造成的吸收损耗，大气层闪烁是指大气层层内信号传播介质折射率的变化导致的接收信号参数随时间无规则、快速波动的情况。受影响的参数包括幅度、相位、到达方向、极化。

闪烁效应出现在电离层和对流层。电离层闪烁是由于电子密度不规则时变引起的；对流层闪烁则是由高湿度梯度与逆温层引起的折射率波动导致的。图 3-38 是信号在均匀介质传播以及不规则介质导致的基本的散焦和聚焦效果示意，信号在大气层中的传播是这三种基本形式复杂的、随时间变化的叠加，其后果是信号振幅、相位、到达方向、极化特性等短时间的不规则变化。

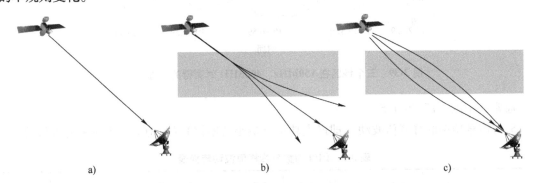

图 3-38　大气层闪烁造成信号功率起伏的原因

a）均匀介质传播　b）不规则折射造成的散焦使信号功率下降

c）不规则折射造成的聚焦（多个路径信号在接收天线处叠加）使信号起伏

3.3.3.1　电离层闪烁

目前的观测数据表明，电离层闪烁存在于 30MHz~7GHz 频段上。描述电离层闪烁的常用参量是闪烁指数，记为 S_4，定义为

$$S_4 = \left(\frac{\langle I^2 \rangle - \langle I \rangle^2}{\langle I \rangle^2} \right)^{\frac{1}{2}}$$

式中，I 为信号强度，$\langle\rangle$ 表示变量的均值。

通常 S_4 小于 1.0，偶尔可能达到 1.5。电离层闪烁的强度按照 S_4 的大小进行划分，$S_4 <$ 0.3 为微弱，$S_4 > 0.6$ 为强烈，0.3~0.6 之间则为中等。图 3-39 为三个不同地区在两个频率时测得的闪烁指数，其中虚线为 150MHz 时测得的数据，点画线为 400MHz 时测得的数据。图中明显看出，在 150MHz 时的 S_4 通常会大于 400MHz 时的 S_4。

不同频率的 S_4 与频率的关系如下

$$S_4(f_2) = S_4(f_1) \left(\frac{f_2}{f_1} \right)^{-v} \tag{3-45}$$

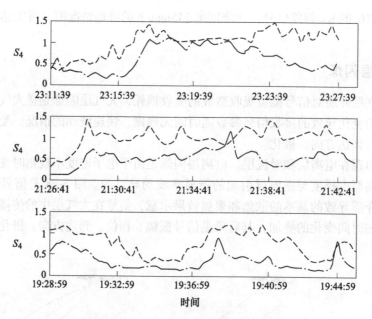

图3-39　三个地区在150MHz、400MHz时测得的闪烁指数

通常式中的"v"取1.5。

S_4与信号功率的峰峰值波动（即最大功率与最小功率比）P_{fluc}有表3-5所示的近似关系。

表3-5　闪烁指数与峰峰值波动转换表

S_4	0.1	0.2	0.3	0.4	0.5	0.6	0.7	0.8	0.9	1.0
$P_{\text{fluc}}/\text{dB}$	1.5	3.5	6	8.5	11	14	17	20	24	27.5

此表可以用以下近似式计算：

$$\left[P_{\text{fluc}} \right] = 27.5 S_4^{1.26} (\text{dB}) \tag{3-46}$$

按照ITU-R建议，电离层闪烁可能导致的链路损耗为

$$L_{\text{P}} = \frac{P_{\text{fluc}}}{\sqrt{2}} \tag{3-47}$$

图3-40是以150MHz频率时不同的闪烁指数为依据，利用式（3-45）计算不同频率上的闪烁指数，再按式（3-46）计算峰峰值波动，最后按式（3-47）计算得到电离层闪烁所造成的信号损耗。

从图3-40中数据可见，电离层闪烁造成的损耗在低频端表现明显，随着频率的增高，造成的信号损耗不断减小。在卫星移动通信常用的L、S频段（1~3GHz），强烈闪烁造成损耗在0.1~1dB，中等以下闪烁造成0.1dB量级的损耗。在3GHz以上频段，即使是150MHz频率时的S_4达到1.5的情况下，造成的信号损耗也在0.1dB以下，而在中等以下闪烁情况下，损耗不超过0.05dB。因此，在固定卫星业务的链路分析中，通常将电离层闪烁造成的信号损耗忽略。

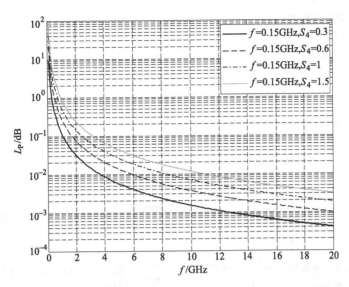

图 3-40　150MHz 频率时不同闪烁指数对应的信号损耗与频率关系

3.3.3.2　对流层闪烁

对流层闪烁是由距离地面几公里高度内的大气折射率波动引起的，随季节变化，且因每天天气不同会发生变化。根据以往的观测，对流层闪烁现象在 10GHz 及以下频率的视距通信链路以及 50GHz 及以下的卫星—地面链路上都出现过。

按照 ITU-R 模型，对流层闪烁与以下因素有关：地表平均环境温度、地表平均环境湿度、信号频率、天线仰角、天线口径与天线效率。

图 3-41 是由 ITU-R 模型计算得到的超越概率分别为 0.1% 与 0.01% 的对流层闪烁（即超过图中闪烁值概率为 0.1% 与 0.01%）。由图中可见：

1）闪烁造成的信号损耗随频率升高而增大。但在较高工作仰角（30°以上），图 3-41a、c 中 30GHz 以下频率范围内对流层闪烁在 1dB 以下。

2）天线口径越小越严重，但差异不大。这一点在图 3-41a、c 中有所体现，1m 口径天线与 5m 口径天线即使在 30GHz 频率下其差别小于 0.2dB，而在 C、Ku 频段这一差别更小。

3）仰角越低，信号在对流层中传播距离越长，相应的闪烁越严重。图 3-41b、d 是口径为 3m 的天线在几种仰角下的闪烁损耗与频率的关系，从图中可见，即使超越概率 $p=0.01\%$ 时，30°仰角天线的闪烁损耗也不超过 1dB。但仰角降低后，由于信号穿越对流层距离更长，闪烁损耗明显增大。

3.3.4　天线指向误差损耗

地球站与卫星间进行信号传输时，理想情况下双方天线的最大辐射方向指向对方，从而使信号接收功率最大（见图 3-42a）。但实际情况下，地球站与卫星天线的最大辐射方向可能并不指向对方，从而造成接收信号功率的下降。如图 3-42b 所示，考虑地球站发送、卫星接收的情况，设地球站发送功率为 P_T，地球站与卫星间包括自由空间传播损耗在内的损耗为 L，则接收存在偏差时的接收功率为

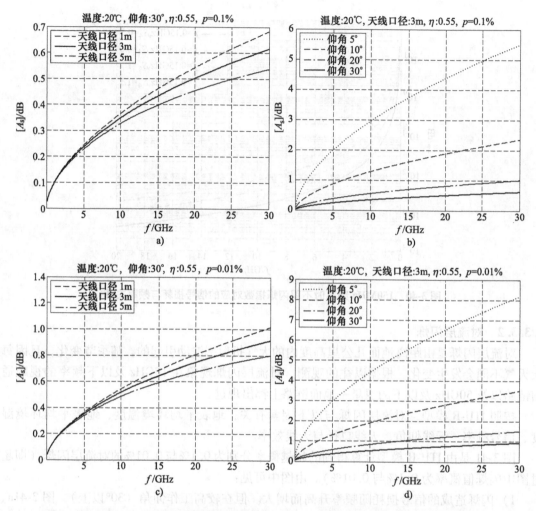

图 3-41　按照 ITU-R 模型计算得到超越概率为 0.1% 与 0.01% 的对流层闪烁与频率关系

a）30°倾角时不同口径天线 $p = 0.1\%$ 的闪烁损耗的频率关系

b）3m 口径天线不同倾角时 $p = 0.1\%$ 的闪烁损耗与频率关系

c）30°倾角时不同口径天线 $p = 0.01\%$ 的闪烁损耗与频率关系

d）3m 口径天线不同仰角时 $p = 0.01\%$ 的闪烁损耗与频率关系

$$P_R = \frac{P_T G_E(\theta_E, \phi_E) G_S(\theta_S, \phi_S)}{L}$$

而理想情况下接收功率为

$$P_{R,max} = \frac{P_T G_{max,E} G_{max,S}}{L}$$

由此可得到所造成的损耗为 $L_{MP} = \dfrac{P_{R,max}}{P_R} = \dfrac{G_{max,S}}{G_S(\theta_S)} \dfrac{G_{max,E}}{G_E(\theta_e)}$

其中第一项是由卫星天线最大辐射方向偏离地球站引起的，但通常不以指向误差损耗的方式分析。

第二项 $L_{\mathrm{MPE}} = \dfrac{G_{\mathrm{max,E}}}{G_{\mathrm{E}}(\theta_e)}$ 可视为一种信号损耗，因为是由地球站天线最大辐射方向偏离卫星方向引起的，故称为地球站**天线指向误差损耗**。相关文献中给出了一种 $G_{\mathrm{E}}(\theta_e)$ 的估算方法：$G_{\mathrm{E}}(\theta_e) = G_{\mathrm{max,E}} \, e^{-2.77\left(\frac{\theta_e}{\theta_{0.5}}\right)^2}$，这样，地球站天线指向误差损耗可按 $L_{\mathrm{MPE}} = e^{2.77\left(\frac{\theta_e}{\theta_{0.5}}\right)^2}$ 进行估算。

导致地球站天线指向误差的因素有以下两个：

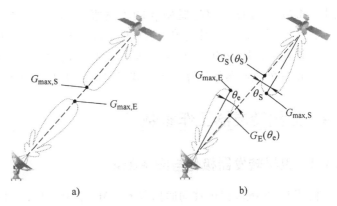

图 3-42　天线指向误差损耗示意图

a）理想情况下收发天线最大辐射方向指向对方
b）天线最大辐射方向指向有偏差的情况

1）卫星轨道。由于摄动的原因，GEO 卫星实际对地球存在上下的缓慢漂移，只有当漂移过大的情况下才会调整轨道位置。通常的要求是 C 频段卫星位置应保持在一个 150km×150km×72km（东西向边长、南北向边长、高度边长）的立方体内，而 Ku 频段卫星位置保持精度在 75km×75km×72km 的立方体内，两种情况下对于地球站的角度偏差因地球站地理位置而异，通常在 ±0.1°（工作于 C 频段）或 ±0.05°（工作于 Ku 频段）左右。

2）地球站天线架设导致的指向误差以及采用跟踪伺服机构的大型天线的跟踪误差，是在调整地球站天线时引入的天线指向偏差。

实际的天线指向误差损耗与卫星轨道保持精度、地球站地理位置、地球站天线架设等因素有关，而在进行系统预算时很难获得这些实际数据，工程计算中可以粗略地按表 3-6 进行预算。

表 3-6　一般工程上进行链路预算时使用的地球站天线指向误差损耗

频段	链路	天线口径 $D \leqslant 3\mathrm{m}$	天线口径 $D \geqslant 3.7\mathrm{m}$
Ku	上行链路（14GHz）	0.3	0.5
	下行链路（12.5GHz）	0.2	0.4
C	上行链路（6GHz）	0.2	
	下行链路（4GHz）	0.2	

3.3.5　传播损耗小结

1）几类损耗中，极化损耗、大气层闪烁、天线指向误差损耗都是有一部分有用信号无法进入接收系统而产生的，其共同点是那些没有进入接收系统的信号能量并未被介质吸收，其唯一后果就是信号能量的衰减；与这些损耗不同的是，气体损耗、云雾雨等天气损耗是由于信号能量被介质吸收所造成的，这使得此类损耗可等效为一个无源有耗网络，而这种网络在使信号衰减的同时，还会产生噪声。

2）整个路径上的不超过概率 p 的损耗按下式合成

$$A_{\mathrm{T}}(p) = A_{\mathrm{G}}(p) + \sqrt{(A_{\mathrm{R}}(p) + A_{\mathrm{C}}(p))^2 + A_{\mathrm{S}}^2(p)} \tag{3-48}$$

式中，$A_G(p)$ 为对应超越概率 p 的大气吸收损耗；$A_R(p)$ 为与超越概率 p 对应的雨衰；$A_C(p)$ 为与超越概率 p 对应的云造成的衰减；$A_S(p)$ 为与超越概率 p 对应的对流层闪烁。

各损耗单位均为 dB，在 $p<1.0\%$ 时，$A_C(p)$、$A_G(p)$ 均取 $A_C(1.0\%)$、$A_G(1.0\%)$，其中 $A_G(p)$ 由气象统计参数计算，无法获得时可使用平均损耗。

3.4 卫星转发器工作参数

3.4.1 卫星转发器极化与频率配置

使用 L、S 频段提供移动通信服务（MSS，Mobile Satellite Service）的卫星与用户终端之间通常使用圆极化信号。这些较低频率的信号在穿越大气层时会有较严重的极化旋转（见3.3.2 节），而移动用户几乎不可能时刻保持极化对准，圆极化信号正好适于这样的应用场景。例如 Thuraya 3 号卫星用户电路（工作频率上行为 1626.5～1660.5MHz，下行为 1525～1559MHz）的极化方式为左旋圆极化。

与之不同的是，固定卫星业务（FSS，Fixed Satellite Service）通常使用线极化信号以提高频带的利用率。ITU 在 C 频段分配给固定卫星通信业务的带宽为 500MHz，应用中会将总的带宽分为多个子带，每个子带对应一个转发器。较为常见的 C 频段转发器带宽为 36MHz，并在相邻转发器之间保留 4MHz 保护频带，这样 500MHz 带宽可容纳 12 个转发器。为了进一步提高频率资源的利用率，通过极化隔离的方式对频率进行重用，即以 12 个转发器接收或发送垂直极化信号，而以另外 12 个转发器接收或发送水平极化信号，这些转发器占用相同的频带，如图 3-43 所示。

Ku 频段是另一个 FSS 主用频段，这一频段分配给卫星通信使用的带宽更宽，可达1GHz。目前最常用的 Ku 频段转发器带宽为 54MHz，某些卫星也会采用 72MHz 或 36MHz 带宽的转发器。

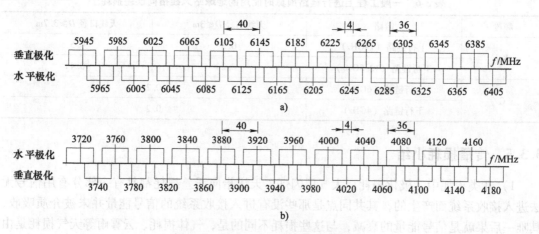

图 3-43　某卫星的 C 频段转发器配置

a）转发器上行接收　b）转发器下行发送

由于 FSS 在相同频带上使用极化隔离方式，因此当地球站设备与卫星信号极化出现偏差时，一方面会造成信号功率的下降，另一方面也会造成原本正交极化的信号进入接收系统从而造成干扰。

3.4.2　卫星的 G/T 值与 EIRP

通信卫星天线通常提供若干个上、下行波束，不同波束各自指向预先规划的服务地区。在正常工作过程中，卫星通过轨道保持、姿态保持技术使这些波束的指向保持不变。

如图 3-44 所示，从卫星天线的角度来看，地球表面的点可以描述为方向角 (θ, ϕ)，而发送或者接收天线在这一方向上增益为 $G(\theta, \phi)$，这样，地球表面上的各点均与一个天线增益值对应，通常以等高图的方式或者服务区域内主要城市数表的形式加以描述。

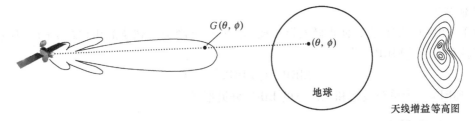

图 3-44　天线增益在地球表面上的投影

卫星发送系统的 EIRP、接收系统的 G/T 值可以用等高图描述，可以较全面了解卫星覆盖情况，但对特定地点的参数描述不够精确，因此也使用数表的形式提供单载波饱和 EIRP 与 G/T 值。

3.4.3　转发器的工作点

通信卫星的转发器由变频器与功率放大器组成，其功率放大器通常为行波管放大器（TWTA），此类放大器具有较强的非线性特性。图 3-45 中的两条曲线分别为单载波输入和多载波输入时的输入信号功率与输出信号功率关系曲线。

单载波工作曲线存在一个饱和点，对应着输入功率 P_{is} 与输出功率 P_{oS}，当输入信号功率大于 P_{is} 时，输出的信号不但不随着变大，反而减小。而当输入功率放大器的信号由多个载波组成时，信号输入与输出曲线与单载波情况不同，差异因载波数量而不同，而之所以出现差异，是由于放大器的非线性产生互调信号占用了部分输出功率。显然，互调信号不是有用信号，因此其功率有损失，从而使有用信号的功率下降。

互调信号在占用放大器输出功率的同时，也会对有用信号形成干扰，即形成互调噪声。为了减小互调噪声，唯一的方法是使转发器工作于线性区（图 3-45 中 P_i 较小的部分，即 P_o 随 P_i 线性变化部分）。然而，卫星转发器功放输出功率又是非常宝贵的，我们希望功放输出功率尽可能大。这样，在减小互调噪声与维持功放有较大输出两个方面进行平衡，选择一组总输入、输出功率 P_{iw} 与 P_{ow}，从而确定一个工作点。

将比值 $\text{BO}_i = \dfrac{P_{is}}{P_{iW}}$ 称为输入补偿（Input

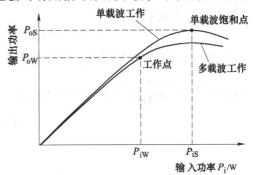

图 3-45　转发器的输入输出特性及工作点

Backoff)、$BO_o=\dfrac{P_{oS}}{P_{oW}}$称为输出补偿（Output Backoff），一些文献中分别称为"输入回退""输出回退"，记为 IBO/OBO 或 IPBO/OPBO。两个比值以分贝形式表示为

$$[BO_i]=[P_{iS}]-[P_{iW}]\,(dB)$$
$$[BO_o]=[P_{oS}]-[P_{oW}]\,(dB) \tag{3-49}$$

如前所述，引入输入、输出补偿是为了减小转发器功放在多载波工作状态的互调噪声，然而在单载波工作状态，即一个信号占用整个转发器，即使存在非线性也不会导致信号频带内出现互调干扰。因此在单载波工作状态下，输入、输出补偿均为 0dB，此时的工作点即为单载波饱和点。

由于输出补偿的存在，使得转发器功放输出功率下降至单载波饱和状态下的 $1/BO_o$，此时卫星转发器的［EIRP］为

$$[EIRP]=[EIRP_S]-[BO_o]$$

式中，［$EIRP_S$］为单载波饱和状态下的 EIRP 分贝形式。

3.4.4 饱和通量密度

为使卫星转发器单载波饱和工作（即转发器功放达到图 3-45 所示的单载波饱和点），在其接收天线的单位有效面积上应输入的功率一般用 SFD（Saturated Flux Density）或 W_S 表示，单位为 W/m^2。

当卫星接收天线口面信号功率通量密度为 SFD 时，所接收到的信号功率为

$$P_{R,S}=SFD\cdot A_R\eta_R=SFD\cdot G_R\frac{\lambda^2}{4\pi} \tag{3-50}$$

对于某个特定转发器，将功率 $P_{R,S}$ 输入转发器使之达到饱和，这一功率值是确定的。然而卫星接收天线增益 G_R 对于不同地区是不同的（见上节）。对于特定转发器，$P_{R,S}$ 是一定的，因此 SFD 是与卫星接收天线 G_R 成反比的，而卫星 G/T 最大的情况对应 SFD 最小的情况，因此只要知到某点的 SFD，即可通过 G/T 等高图得到任意一点的 SFD。

在实际的工作点（BO_i 与 BO_o），由于转发器的输入功率比饱和输入功率降低［BO_i］dB，相应地，天线口面接收信号的通量密度也应降低［BO_i］dB，即在实际工作点上

$$PFD=\frac{SFD}{BO_i} \tag{3-51}$$

以分贝形式表示为

$$[PFD]=[SFD]-[BO_i] \tag{3-52}$$

卫星在两个不地点的 SFD_1、SFD_2 以及卫星接收天线增益与卫星饱和接收功率关系分别为 $P_{R,S}=SFD_1\cdot G_{R1}\dfrac{\lambda^2}{4\pi}$、$P_{R,S}=SFD_2\cdot G_{R2}\dfrac{\lambda^2}{4\pi}$，于是有

$$\frac{SFD_1}{SFD_2}=\frac{G_{R2}}{G_{R1}}$$

由卫星对两地的 G/T 值，可得 $\dfrac{G_{R1}}{G_{R2}}=\left(\dfrac{G}{T}\right)_1\bigg/\left(\dfrac{G}{T}\right)_2$。于是有

$$\frac{\text{SFD}_1}{\text{SFD}_2} = \left(\frac{G}{T}\right)_2 \Big/ \left(\frac{G}{T}\right)_1$$

以分贝形式表示为 $[\text{SFD}]_1 - [\text{SFD}]_2 = \left[\frac{G}{T}\right]_2 - \left[\frac{G}{T}\right]_1$

3.5　链路计算

卫星通信的基本任务是将信息高效、可靠地传送至目的地。为此，必须要对卫星通信链路参数进行设计，以满足用户对服务质量的要求。

3.5.1　链路计算的任务

在数字通信系统中，可靠性指标均以误比特率（BER，Bit Error Rate）进行衡量，通信系统通常会以是否达到限定的 BER 以界定系统是否可用。根据通信原理的基本知识，BER 直接相关联的参量为比特能量与噪声功率谱密度比（E_b/n_0），即确定调制解调与差错控制编码后，BER 与 E_b/n_0 有一一对应关系。

有效的噪声功率（可进入接收系统的噪声功率）与噪声功率谱密度关系为 $N = n_0 B_n$，B_n 为接收系统等效噪声带宽；信号功率与每比特能量关系为 $C = E_b R_b$，R_b 为信息速率。由此可得信号噪声功率比（SNR）与 E_b/n_0 关系为

$$\frac{C}{N} = \frac{C}{n_0 B_n} = \frac{E_b R_b}{n_0 B_n} \tag{3-53}$$

而信号功率与噪声功率谱密度之比为

$$\frac{C}{n_0} = \frac{E_b}{n_0} R_b \tag{3-54}$$

由式（3-13）可得等效噪声温度与噪声功率谱密度关系为 $T = \dfrac{n_0}{k}$，于是可得

$$\frac{C}{T} = \frac{C}{\dfrac{n_0}{k}} = \frac{kC}{n_0} = \frac{kE_b}{n_0} R_b \tag{3-55}$$

例 3-10　某信息速率为 1Mbit/s 的 QPSK 信号，采用 1/2 码率的差错控制编码，符号成形采用升余弦滚降滤波器。达到 BER $= 10^{-5}$ 要求的门限 $[E_b/n_0]$ 为 5.5dB，求与之对应的 $[C/N]$、$[C/n_0]$ 及 $[C/T]$ 门限。

解：由式（3-21）可得差错控制编码的码速率为 $R_c = \dfrac{R_b}{R_{\text{code}}} = \dfrac{1 \times 10^6}{1/2} \text{c/s} = 2 \times 10^6 \text{c/s}$

由式（3-22）可将码映射为 QPSK 符号，符号速率为

$$R_s = \frac{R_{\text{code}}}{\log_2 M} = \frac{2 \times 10^6}{2} \text{Band} = 1 \times 10^6 \text{Baud}$$

采用升余弦滚降滤波器成形，由式（3-20），因子 b 取 1.1，则信号等效噪声带宽

$$B_n = b R_s = 1.1 \times 10^6 \text{Hz}$$

由式（3-53）可得与门限 $[E_b/n_0]$ 对应的 C/N 为

$$\left[\frac{C}{N}\right]=\left[\frac{E_b R_b}{n_0 B_n}\right]=\left[\frac{E_b}{n_0}\right]+[R_b]-[B_n]$$

$$=[5.5+10\lg(1\times10^6)-10\lg(1.1\times10^6)]\mathrm{dB}=5.1\mathrm{dB}$$

由式（3-54），与门限 $[E_b/n_0]$ 对应的 C/n_0 为

$$\left[\frac{C}{n_0}\right]=\left[\frac{E_b}{n_0}R_b\right]=\left[\frac{E_b}{n_0}\right]+[R_b]=[5.5+10\lg(1\times10^6)]\mathrm{dB\cdot Hz}=65.5\mathrm{dB\cdot Hz}$$

由式（3-55），与门限 $[E_b/n_0]$ 对应的 C/T 为

$$\left[\frac{C}{T}\right]=\left[k\frac{E_b}{n_0}R_b\right]=[k]+\left[\frac{E_b}{n_0}\right]+[R_b]$$

$$=[-228.6+5.5+10\lg(1\times10^6)]\mathrm{dBW/K}=-163.1\mathrm{dBW/K}$$

图 3-46 给出了基本的单向链路中所涉及的链路各要素的参数。链路计算就是利用这些基本参数，对基本的单向卫星通信链路所能达到的信号噪声比率（C/N、C/n_0 或 C/T）进行计算，作为系统优化、系统设计、系统建设的基本依据。例如，在通信系统设计阶段，根据卫星、地球站参数计算链路 C/N，进而得到对应的 E_b/n_0，据此评估可承载的信息速率、调制解

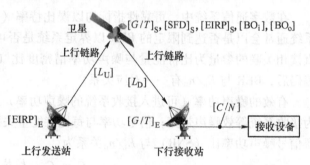

图 3-46　链路计算的相关参数与计算目的

调方式、差错控制编码技术，以确定所达到的 E_b/n_0 是否可满足 BER 要求；在工程建设中，针对设备要求的 E_b/n_0 门限，利用式（3-53）计算得到与门限对应的 C/N 门限（或 C/n_0、C/T 门限），将此门限与计算卫星链路分析得到的 C/N 比较，确定链路是否可达到要求。

根据链路计算结果，可以提出对系统调整的建议。例如，对于 C/N 不能满足要求的系统，可通过更换卫星、调整接收天线尺寸或采用对 C/N 要求更低的接收机等方法使系统可靠性达到要求。

3.5.2　上行链路 C/N 分析

卫星上行链路如图 3-47 所示。$\mathrm{SFD_S}$ 为卫星饱和通量密度，G_S 为卫星接收天线增益，T_S 为卫星接收天线出口（也即接收机入口）处的等效噪声温度。上行发送站用 $\mathrm{EIRP_E}$ 发送信号。

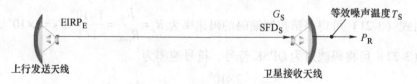

图 3-47　上行链路及相关参数

首先调整上行发送站发送 $\mathrm{EIRP_E}$，使卫星转发器接收天线口面上的功率通量密度达到

SFD_s，则此时卫星转发器输入功率为饱和输入功率，由式（3-50）可知

$$P_R = SFD_s \cdot G_s \frac{\lambda^2}{4\pi}$$

在实际工作点，卫星转发器存在输入补偿 BO_i，工作点的接收功率为

$$P_R = \frac{P_{R,S}}{BO_i} = SFD_s \cdot G_s \frac{\lambda^2}{4\pi} \frac{1}{BO_i} \tag{3-56}$$

主接收系统等效噪声温度为 T_s，则上行链路 C/N 为

$$\left(\frac{C}{N}\right)_U = \frac{P_R}{N_U}$$

将 $N_U = kT_sB_n$ 及 P_R 代入表达式，得

$$\left(\frac{C}{N}\right)_U = SFD_s \frac{\lambda^2}{4\pi} \frac{G_s}{T_s} \frac{1}{BO_i} \frac{1}{k} \frac{1}{B_n}$$

上面的分析中，认为发送站发出的信号占用了整个转发器带宽，也即实际工作点上转发器全部接收功率即为信号功率。通常的转发器带宽为数十兆赫兹，如果单个上行站所发出的信号 s 只占用转发器的一部分带宽而不是整个转发器带宽，那么其他未被它占用的带宽会被分配给其他信号使用。这样，卫星天线接收到的总功率 P_R 也将是信号 s 与其他信号功率之和。为了保证转发器工作于设定的工作点，P_R 只能是按式（3-56）计算取值，于是信号 s 的接收功率（记为 P_{R1}）不可能等于 P_R，只能小于 P_R。定义信号 s 的功率分配因子为

$$Y = \frac{P_{R1}}{P_R} \tag{3-57}$$

从前面讨论可见，只有当信号 s 占用了整个转发器时，$Y=1$，否则 Y 必然小于 1。这样，信号 s 的接收功率可表示为

$$P_{R1} = P_R Y = SFD_s \cdot G_s \frac{\lambda^2}{4\pi} \frac{1}{BO_i} Y \tag{3-58}$$

考虑卫星接收系统总的等效噪声温度为 T_s，则上行链路 C/N 为

$$\left(\frac{C}{N}\right)_U = \frac{P_{R1}}{N_U}$$

将 $N_U = kT_sB_n$ 及 P_{R1} 代入表达式，得

$$\left(\frac{C}{N}\right)_U = SFD_s \cdot \frac{\lambda^2}{4\pi} \frac{G_s}{T_s} \frac{1}{BO_i} Y \frac{1}{k} \frac{1}{B_n} \tag{3-59}$$

其分贝形式为

$$\left[\frac{C}{N}\right]_U = [SFD_s] + 10\lg\left(\frac{\lambda^2}{4\pi}\right) + \left[\frac{G_s}{T_s}\right] - [BO_i] + [Y] - [k] - [B_n] \tag{3-60}$$

计算功率分配因子的一种方法是通过上行发送站的 EIRP 进行计算。由式（3-8）可得到信号 s 接收功率与其发送站用于发送信号 s 的有效全向辐射功率 $EIRP_{E1}$ 的基本关系式，即

$$P_{R1} = \frac{EIRP_{E1} \cdot G_s}{L_U} \tag{3-61}$$

式中，L_U 为上行链路传播损耗，其主要部分是自由空间传播损耗，此外还包括雨衰、大气吸收损耗等部分。于是可按式（3-57）求得 Y，再按式（3-59）计算上行链路的 C/N。

　　然而，在链路分析过程中更多地使用另一种方法。设信号 s 占用带宽 B_s 已知，若转发器总带宽为 B_T，则比较合理的接收功率分配方式是要求信号 s 在接收功率 P_R 中所占比例 Y 与其带宽占用比例 B_s/B_T 相等，这一基本原则称为"**功带平衡原则**"。这一原则在商用卫星通信中比较普遍，它体现了对卫星转发器带宽与功率这两个基本资源使用的公平性。按这一原则，功率分配因子

$$Y = \frac{B_s}{B_T} \tag{3-62}$$

　　此时上行站发送 EIRP_{E1} 也应满足式（3-61），于是将式（3-62）得到的 Y 代入式（3-58）得到信号 s 的接收功率 P_{R1}，再按式（3-61）可以得到上行站应使用的 EIRP_{E1}，则

$$\mathrm{EIRP}_{E1} = \mathrm{SFD}_S \left(\frac{4\pi}{\lambda^2} \right)^{-1} \frac{1}{\mathrm{BO}_i} Y L_U$$

　　分贝形式表示为

$$[\mathrm{EIRP}_{E1}] = [\mathrm{SFD}_S] + 10\lg\frac{\lambda^2}{4\pi} - 10\lg\mathrm{BO}_i + 10\lg Y + [L_U] \tag{3-63}$$

　　例 3-11　某 C 频段卫星转发器带宽 36MHz，转发器饱和通量密度为 $-110.0\mathrm{dBW/m^2}$，卫星 $[G/T]$ 为 $-1\mathrm{dB}$，输入补偿为 6dB。某上行信号载波频率为 6GHz，发送成形滤波器采用滚降系数 $\alpha = 0.3$ 的升余弦滚降滤波器，信号实际占用 10MHz 带宽，试计算此信号上行链路 $[C/N]$。计算过程中星站距离按 38000km 计算，信号占用转发器功率、频带的比例符合功带平衡原则。

　　解： 由信号占用带宽与转发器带宽可得　$[Y] = 10\lg\frac{10\times10^6}{36\times10^6}\mathrm{dB} = -5.56\mathrm{dB}$

　　由载波频率可得信号波长为 $\lambda = \frac{3\times10^8}{6\times10^9}\mathrm{m} = 0.05\mathrm{m}$

　　信号实际占用带宽并非等效噪声带宽，可由式（3-18）、式（3-19）信号实际占用带宽得到此信号接收系统的等效噪声带宽，即

$$B_n = R_S = \frac{B_s}{1+\alpha} = \frac{10\times10^6}{1+0.3}\mathrm{Hz} = 7.7\times10^6\mathrm{Hz}$$

　　于是由式（3-60）有

$$\left[\frac{C}{N} \right]_U = [\mathrm{SFD}_S] + 10\lg\frac{\lambda^2}{4\pi} + \left[\frac{G_S}{T_S} \right] - [\mathrm{BO}_i] + [Y] - [k] - [B_n]$$

$$= \left[-100.0 + 10\lg\left(\frac{0.05^2}{4\pi} \right) + (-1) - 6 + (-5.56) - (-228.6) - 10\lg(7.7\times10^6) \right]\mathrm{dB}$$

$$= 10.2\mathrm{dB}$$

　　例 3-12　某 Ku 频段转发器带宽为 54MHz，转发器饱和通量密度为 $-89.0\mathrm{dBW/m^2}$，$[G/T]_s = 1\mathrm{dB}$，转发器输入补偿 $[\mathrm{BO}_i]$ 为 6dB。某上行信号载波频率为 14.2GHz，带宽为 1MHz，发送站采用最大输出功率为 3W 的功放，发送天线口径 3m，天线效率 60%。信号传播过程中假设有 2dB 大气损耗。如果发送站以最大功率发射信号，是否符合卫星对信号功率的限制？应如何调整发送功率？

　　解： 由已知参数可得信号波长 $\lambda = 0.021\mathrm{m}$

上行链路自由空间传播损耗 $[L]_f = 10\lg\left(\frac{4\pi D}{\lambda}\right)^2 = 207.1\text{dB}$，相应地 $[L]_U = 209.1\text{dB}$

在功带平衡情况下，功率分配因子 $[Y] = 10\lg\frac{1\times10^6}{54\times10^6}\text{dB} = -17.3\text{dB}$

由式（3-63），根据卫星 SFD 计算得到信号上行站发送的 EIRP

$$[\text{EIRP}_{E1}] = [\text{SFD}_S] + 10\lg\frac{\lambda^2}{4\pi} - [\text{BO}_i] + 10\lg Y + [L_U]$$

$$= \left[-89.0 + 10\lg\frac{0.021^2}{4\pi} - 6 + (-17.3) + 209.1\right]\text{dBW}$$

$$= 52.3\text{dBW}$$

由发送天线口径与效率可得天线增益

$$[G]_T = 10\lg\frac{4\pi A\eta}{\lambda^2} = 10\lg\frac{4\pi\times7.07\times0.6}{0.021^2}\text{dB} = 50.77\text{dB}$$

当以最大功率 3W 进行发送时，发送站的 EIRP 为

$$[\text{EIRP}]_T = 10\lg P_T + [G]_T = 55.54\text{dBW}$$

显然，$[\text{EIRP}]_T > [\text{EIRP}_{E1}]$，这将使到达卫星接收天线口面的信号功率通量密度超出此信号所应达到的值，从而使其接收功率、发送功率均超出功率分配因子确定的值，因此不符合卫星对信号功率的限制。

正确的调整方法是通过降低发送功率 P_T 使 $[\text{EIRP}]_T = [\text{EIRP}_{E1}]$。

可以计算得到 $[\text{EIRP}]_T - [\text{EIRP}_{E1}] = 3.24\text{dB}$，这说明 3W 的发送功率比要求的发送功率高 3.24dB，这样，合理的发送功率应为

$$P_{Ta} = \frac{P_T}{10^{\frac{3.24}{10}}} = 1.42\text{W}$$

3.5.3 下行链路 C/N 分析

下行链路分析中，认为卫星转发器发送功率全部被信号占用，并不考虑上行链路中进入转发器的噪声。这在上行链路有较高 C/N 情况下是合理的。下行链路如图 3-48 所示。

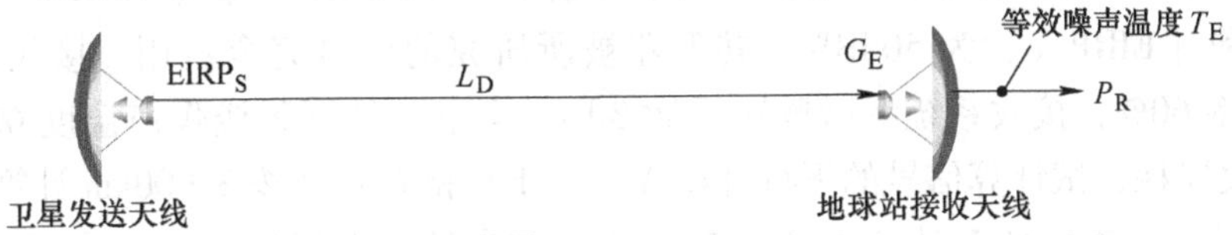

图 3-48　下行链路及相关参数

卫星单载波饱和能量密度为 $\text{EIRP}_{S.S}$，卫星转发器工作点输出补偿为 BO_o，则转发器 EIRP 为

$$\text{EIRP}_S = \frac{\text{EIRP}_{S.S}}{\text{BO}_o}$$

在正常工作情况下，某个载波在转发器输入端所占用的功率比例 Y 与输出端相同，因此分配给所研究载波的 EIRP 为

$$\text{EIRP}_{\text{S1}} = \text{EIRP}_\text{S} \cdot Y = \frac{\text{EIRP}_{\text{S.s}}}{\text{BO}_0} Y$$

对于处理转发器，下行链路播发的是重新调制后的纯信号。而对于透明转发器，通常上行链路 C/N 较高。这样，对于两种情况，均可以认为下行 EIRP 全部用于信号发送，于是可得下行接收站收到的载波功率为

$$P_{\text{R1}} = \frac{\text{EIRP}_{\text{S1}} \cdot G_\text{E}}{L_\text{D}} = \frac{\dfrac{\text{EIRP}_{\text{S.s}}}{\text{BO}_0} Y G_\text{E}}{L_\text{D}} = \text{EIRP}_{\text{S.s}} \frac{1}{\text{BO}_0} Y G_\text{E} \frac{1}{L_\text{D}}$$

式中，L_D 为总的下行链路损耗。

$$\left(\frac{C}{N}\right)_\text{D} = \frac{P_{\text{R1}}}{N_\text{D}}$$

将 P_{R1} 及 $N_\text{D} = kT_\text{E}B_n$ 代入上式，得到

$$\left(\frac{C}{N}\right)_\text{D} = \text{EIRP}_{\text{S.s}} \frac{1}{\text{BO}_0} Y \frac{G_\text{E}}{T_\text{E}} \frac{1}{L_\text{D}} \frac{1}{k} \frac{1}{B_n} \tag{3-64}$$

式中，T_E 为下行接收站系统总的等效噪声温度。

$$\left[\frac{C}{N}\right]_\text{D} = [\text{EIRP}]_{\text{S.s}} - [\text{BO}]_0 - [L]_\text{D} + \left[\frac{G}{T}\right]_\text{E} + [Y] - [k] - [B_n] \tag{3-65}$$

下行链路衰减一般由以下几部分组成

$$[L]_\text{D} = [L_{\text{fD}}] + [L_{\text{MPD}}] + [L_{\text{GD}}] + [L_{\text{TD}}] + [L_{\text{ID}}] + [M_{\text{RD}}]$$

式中，$[L_{\text{fD}}]$ 为下行链路自由空间传播损耗；$[L_{\text{MPD}}]$ 为下行接收站天线指向误差损耗；$[L_{\text{GD}}]$ 为下行链路大气吸收损耗；$[L_{\text{TD}}]$ 为对流层闪烁；$[L_{\text{ID}}]$ 为电离层闪烁；$[M_{\text{RD}}]$ 为降雨备余量。

根据 3.3.3 节的内容，对于使用 3GHz 以上频率的固定卫星业务，通常忽略 $[L_{\text{ID}}]$，较为概略的计算中可将 $[L_{\text{GD}}]$ 与 $[L_{\text{TD}}]$ 合并，按 $1\sim2\text{dB}$ 计算；而在使用 3GHz 以下频率的移动卫星业务中，$[L_{\text{ID}}]$ 增大，而 $[L_{\text{TD}}]$、$[L_{\text{GD}}]$ 比固定卫星业务小，概略计算时也可合并按 2dB 左右计算。上述讨论也适用于上行链路对发送站 EIRP 计算过程中 L_U 的计算。

例 3-13 某 Ku 频段卫星转发器，下行中心频率为 12.5GHz，带宽 72MHz，在接收站处的单载波饱和 $[\text{EIRP}_{\text{S.s}}]$ 为 50dBW。转发器被所研究的信号完全占用。接收站天线口径 3m，天线效率 60%，接收系统等效噪声系数 3dB，净空条件下天线噪声温度 60K。假设有 1dB 大气吸收损耗，试计算信号的下行 $[C/N]$。（下行链路长度按 38000km 计算）

解：根据下行链路 C/N 计算式（3-65），需要首先计算下行传播损耗 $[L]_\text{D}$、接收站品质因数 $[G/T]_\text{E}$。由于转发器被信号全部占用，转发器工作于单载波状态，因此不需要输出补偿，即 $[\text{BO}]_0 = 0\text{dB}$，同时功率分配因子 $[Y] = 0\text{dB}$。

由于信号占用全部转发器，因此信号载波频率即为转发器中心频率，由此可计算载波波长为

$$\lambda = \frac{3 \times 10^8}{12.5 \times 10^9} \text{m} = 0.024\text{m}$$

由天线口径可计算得到天线口面面积为 $A = 7.07\text{m}^2$，于是可得接收地球站天线增益为

$$[G]_E = 10\lg\left(\frac{4\pi A\eta}{\lambda^2}\right)^2 = 20\lg\frac{4\pi\times7.07\times0.6}{0.024^2}\mathrm{dB} = 49.7\mathrm{dB}$$

根据接收机噪声系数，可按式（3-25）计算得到接收机入口等效噪声温度为

$$T_R = 290(10^{\frac{NF}{10}}-1) = 290(10^{\frac{3}{10}}-1)\mathrm{K} = 288.6\mathrm{K}$$

于是按式（3-34）可得下行接收站总的等效噪声温度

$$T_E = T_A + T_R = (60+288.6)\mathrm{K} = 348.6\mathrm{K}$$

由此可得接收站品质因数 $[G/T]_E = [G]_E - 10\lg T_E = 24.24\mathrm{dB/K}$

下行链路自由空间传播损耗为 $[L]_f = 10\lg\left(\frac{4\pi\times38000\times10^3}{0.024}\right)^2\mathrm{dB} = 206.0\mathrm{dB}$

于是下行链路总损耗为 $[L]_D = [L]_f + [L]_A = (206.0+1.0)\mathrm{dB} = 207.0\mathrm{dB}$

最终，由式（3-65）有

$$\left[\frac{C}{N}\right]_D = [EIRP]_{S.S} - [BO]_o - [L]_D + \left[\frac{G}{T}\right]_E + [Y] - [k] - [B_n]$$
$$= [50-0-207.0+24.24+0-(-228.6)-10\lg72\times10^6]\mathrm{dB}$$
$$= 17.30\mathrm{dB}$$

例 3-14 当下行链路中出现 10dB 雨衰时，重新计算例 3-13 所给的参数的下行链路 $[C/N]$。

解： 本例与上例的差别是下行链路增加了 10dB 雨衰。按 3.3.1 节，雨衰的后果一方面是导致信号功率的下降，另一方面则是导致天线噪声温度的提高。按式（3-29），T_m 取 275K，则有

$$T_{\mathrm{rain}} = T_m(1-10^{\frac{-[L]_{\mathrm{rain}}}{10}}) = 275(1-10^{\frac{-10}{10}})\mathrm{K} = 247.5\mathrm{K}$$

由式（3-33）可得到降雨情况下的天线噪声温度为 $T_{A,\mathrm{Rain}} \approx T_{A,\mathrm{Clear}} + T_{\mathrm{rain}}$

于是有 $T_E = T_A + T_R = (60+247.5)\mathrm{K} + 288.6\mathrm{K} = 596.1\mathrm{K}$

使用上例中得到的天线增益 $[G]_E$，由此可得接收站品质因数为

$$[G/T]_E = [G]_E - 10\lg T_E = 21.91\mathrm{dB/K}$$

下行链路传播损耗为

$$[L]_D = [L]_f + [L]_A + [L]_{\mathrm{rain}} = (206.0+1.0+10)\mathrm{dB} = 217.0\mathrm{dB}$$

于是

$$\left[\frac{C}{N}\right]_D = [EIRP]_{S.S} - [BO]_o - [L]_D + \left[\frac{G}{T}\right]_E + [Y] - [k] - [B_n]$$
$$= [50-0-217.0+21.91+0-(-228.6)-10\lg72\times10^6]\mathrm{dB}$$
$$= 4.96\mathrm{dB}$$

与例 3-13 结果相比，$[C/N]$ 恶化了 12.34dB，其中 10dB 来自于降雨引起的信号衰减，另外 2.34dB 则是由于雨衰引起的天线噪声温度增加。

3.5.4 透明转发器链路的合成 C/N

以透明转发器为中继的单向链路基本模型如图 3-49 所示。图中在链路不同位置，考虑了以下噪声/干扰。

1）上行链路噪声：包括卫星接收天线噪声与接收系统噪声。

2）上行干扰：由使用邻近卫星的地球站、上行发送站本身、交叉极化等原因进入卫星接收系统的人为干扰信号。

3）转发器互调噪声：由转发器非线性造成的信号互调噪声。

4）下行链路噪声：包括下行站接收天线噪声与下行站接收系统噪声。

5）下行干扰：由邻近卫星、交叉极化原因等进入下行接收系统的人为干扰信号。

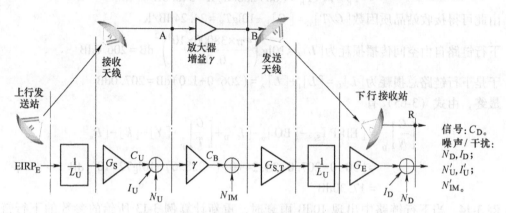

图 3-49　完整的基于透明转发器的链路

在接收点 R，接收到的功率包括六个部分：C_D，接收到的信号功率；N_D，下行链路引入的噪声功率；I_D，下行链路中的干扰功率；N'_U，上行链路引入的噪声经转发器和下行链路传播后的噪声功率；I'_U，上行链路引入的干扰经转发器和下行链路传播后的干扰功率；N'_{IM}，转发器（功放）非线性产生的互调产物经下行链路进入接收机的噪声功率。这样，R 点接收天线出口处的信号噪声功率为

$$\frac{C}{N} = \frac{C_D}{N'_U + I'_U + N'_{IM} + N_D + I_D}$$

经过简单变换可得

$$\left(\frac{C}{N}\right)^{-1} = \left(\frac{C_D}{N'_U}\right)^{-1} + \left(\frac{C_D}{I'_U}\right)^{-1} + \left(\frac{C_D}{N'_{IM}}\right)^{-1} + \left(\frac{C_D}{N_D}\right)^{-1} + \left(\frac{C_D}{I_D}\right)^{-1}$$

注意到 R 点信号功率 C_D 与上行噪声部分 N'_U 是 A 点信号功率 C_U 以及上行噪声 N_U 经过相同的传播路径后得到的，在路径上两者同时被"放大"与"衰减"，因此两者的比值相等，即

$$\frac{C_D}{N'_U} = \frac{C_U}{N_U} = \left(\frac{C}{N}\right)_U$$

同样道理，$\dfrac{C_D}{I'_U} = \dfrac{C_U}{I_U} = \left(\dfrac{C}{I}\right)_U$，$\dfrac{C_D}{N'_{IM}} = \dfrac{C_B}{N_{IM}} = \left(\dfrac{C}{N}\right)_{IM}$。$\dfrac{C_D}{N_D}$、$\dfrac{C_D}{I_D}$ 即为下行信号噪声功率、信号干扰功率比，分别记为 $\left(\dfrac{C}{N}\right)_D$、$\left(\dfrac{C}{I}\right)_D$，可得

$$\left(\frac{C}{N}\right)^{-1} = \left(\frac{C}{N}\right)_U^{-1} + \left(\frac{C}{I}\right)_U^{-1} + \left(\frac{C}{N}\right)_{IM}^{-1} + \left(\frac{C}{N}\right)_D^{-1} + \left(\frac{C}{I}\right)_D^{-1}$$

式中第 1、2 项在图 3-49 的 A 点计算，第 3 项在图中 B 点计算，而最后两项则在 R 点计算。

上、下行干扰与本系统要素（卫星、轨道位置、地球站）、邻近卫星通信系统、传播介质（降雨去极化）等因素有关；互调干扰部分则与多载波工作时转发器工作点的互调噪声特性有关，这些部分的定量讨论超出本教材要求，如果忽略这三项，则可得到简化的链路 C/N 算式

$$\left(\frac{C}{N}\right)^{-1} = \left(\frac{C}{N}\right)_U^{-1} + \left(\frac{C}{N}\right)_D^{-1} \tag{3-66}$$

式中，$\left(\dfrac{C}{N}\right)_U$、$\left(\dfrac{C}{N}\right)_D$ 分别由式（3-59）、式（3-64）给出。

例 3-15　某单向卫星链路，上行载噪比为 15dB，下行载噪比为 13dB，求整个链路的载噪比。

解： 上行载噪比 $\left(\dfrac{C}{N}\right)_U = 10^{\frac{[C/N]_U}{10}} = 10^{\frac{15}{10}} = 31.6$

下行载噪比 $\left(\dfrac{C}{N}\right)_D = 10^{\frac{[C/N]_D}{10}} = 10^{\frac{13}{10}} = 20.0$

由 $\left(\dfrac{C}{N}\right)^{-1} = \left(\dfrac{C}{N}\right)_U^{-1} + \left(\dfrac{C}{N}\right)_D^{-1}$ 可得 $\dfrac{C}{N} = \dfrac{1}{\left(\dfrac{C}{N}\right)_U^{-1} + \left(\dfrac{C}{N}\right)_D^{-1}} = \dfrac{1}{\dfrac{1}{31.6} + \dfrac{1}{20.0}} = 12.2$

分贝形式为 $\left[\dfrac{C}{N}\right] = 10.9\text{dB}$

在 3.3.1.3 节，对降雨造成的雨衰进行了介绍。在 3.2.6 节对天线噪声进行了讨论。若下行链路出现降雨，造成雨衰 $[A_{RD}]$，其后果是

1）下行信号功率被衰减 $[A_{RD}]$，这直接导致 $[C/N]_D$ 降低。

2）接收天线噪声温度增高，从而使接收站 G/T 值降低。降雨造成的天线噪声温度增量按式（3-32）计算，而最终的天线噪声按式（3-33）计算。按式（3-64）计算，会使 $[C/N]_D$ 进一步降低。相关计算过程可参见例 3-14。

若上行链路出现降雨，造成雨衰 $[A_{RU}]$，其后果是：

1）上行信号功率被衰减 $[A_{RU}]$，从而直接影响 $[C/N]_U$。

2）由于上行信号功率衰减，使经卫星放大后的下行信号功率也受到同样程度的衰减，这一衰减体现在功率分配因子 Y 的降低上，由式（3-64）计算，也会造成 $[C/N]_D$ 的恶化。某些发送站具有"上行功率自动控制"功能，即在上行链路出现降雨情况下可以增加发送功率实现对全部或部分雨衰进行补偿，此时上、下行 C/N 均会得以改善。在 3.2.6 节天线噪声温度的讨论中说明的那样，上行链路出现降雨不会对卫星接收天线的噪声温度产生影响。

3.5.5　基于处理转发器的合成 BER 分析

当使用处理转发器作为中继时，上行信号到达卫星后，将被解调或者解调后再进行纠错译码从而尽可能消除上行链路噪声的累积。

由式（3-53）可得 $\dfrac{E_b}{n_0} = \dfrac{C}{N} \dfrac{B_n}{R_b}$

这样，由上、下行链路 C/N 可计算得到对应的 $\dfrac{E_b}{n_0}$，并进而通过 $\dfrac{E_b}{n_0}$ 与 BER 的对应关系得到上、下行误比特率 P_{eU} 与 P_{eD}，则上、下行链路比特无差错率为

$$P_{cU} = 1 - P_{eU}, \quad P_{cD} = 1 - P_{eD}$$

于是信息经整个链路传输后的正确率为

$$P_c = P_{cU} P_{cD}$$

由于 P_c 与误比特率 P_e 的关系为 $P_c = 1 - P_e$，于是有

$$1 - P_e = (1 - P_{eU})(1 - P_{eD}) = 1 - P_{eU} - P_{eD} + P_{eU} P_{eD}$$

这样，整个链路 BER 为

$$P_e = P_{eU} + P_{eD} - P_{eU} P_{eD} \tag{3-67}$$

在 P_{eU} 与 P_{eD} 均远小于 1 的情况下，可将链路总的 BER 近似为

$$P_e \approx P_{eU} + P_{eD} \tag{3-68}$$

对于处理转发器，当下行链路出现降雨造成雨衰时，其后果与上节对透明转发器的说明一样，会使信号功率下降、接收站 G/T 值减小，从而使 $[C/N]_D$ 恶化，其后果是影响下行链路比特差错率。

上行链路降雨时，由于处理转发器对信号进行了解调、判决，因此上行降雨仅会使上行 C/N 恶化，从而影响上行链路比特差错率，并不会对下行 C/N 造成影响。

3.5.6 链路可用度

在链路计算中，通常以预留降雨备余量的方式来处理雨衰问题。降雨备余量是指在上、下行传播损耗中预先考虑的雨衰 $[M_R]$，使得在链路中出现一定程度降雨时链路质量仍可满足设计要求。这使得在链路上无降雨时，链路指标（如 C/N）优于设计要求；而在链路上存在降雨时，只要实际雨衰 $[A_R] \le [M_R]$，链路 C/N 仍可达到设计要求。

卫星链路设计中将链路 BER 无法达到设计要求的情况称为"链路中断"，而可以达到设计要求的则称为"链路可用"。链路的质量可以达到设计要求的概率（时间比率，不考虑设备故障、外部干扰等异常情况）称为**链路可用度**。对于静止卫星通信，在地球站位置、卫星经度、信号频率确定之后，降雨率是影响雨衰的决定性因素，降雨率越大则雨衰越大。若链路设计时考虑的降雨备余量 $[M_R]$ 取降雨率 R_{thr} 的雨衰值，则实际降雨率低于 R_{thr} 时，链路是可用的，而当降雨率超过 R_{thr} 时，链路中断。由此可见，地球站所在地区降雨率超过 R_{thr} 的概率直接影响着链路的可用度。

表 3-7 为 ITU-R P.837-1 建议书的雨区划分。字母"A~Q"为雨区标识，雨区的划分依据是当地降雨率超过给定值的概率（时间比率）。以表中 K 区为例，$p = 0.01$（即概率或时间比率为 0.01%）对应数据为 42，这意味着 K 区降雨率超过 42mm/h 的概率为 0.01%。同样地，由下一行数据可知 K 区降雨率超过 70mm/h 的概率为 0.003%。我们将 p% 简称为"超越概率"。

表 3-7　ITU-R P.837-1 中雨区降雨率超过给定值的概率（降雨率单位：mm/h）

p	A	B	C	D	E	F	G	H	J	K	L	M	N	P	Q
0.1	2	3	5	8	6	8	12	10	20	12	15	22	35	65	72
0.03	5	6	9	13	12	15	20	18	28	23	33	40	65	105	96
0.01	8	12	15	19	22	28	30	32	35	42	60	63	95	145	115
0.003	14	21	26	29	41	54	45	55	45	70	105	95	140	200	142
0.001	22	32	42	42	70	78	65	83	55	100	150	120	180	250	170

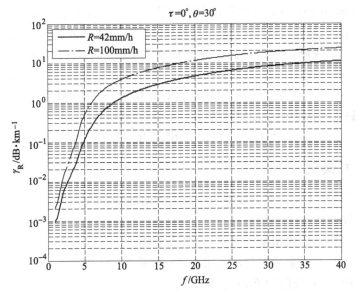

图 3-50　ITU 远东地区雨区分布图

图 3-50 为 K 区超越概率 $p = 0.01$ 与 0.001 情况时的雨衰率。由图中可得 14GHz 时，42mm/h 对应 2.6dB/km 的雨衰率，而 100mm/h 对应着 6.9dB/km 的雨衰率。如果某个链路信号在雨区中的有效传播距离为 5km，则前者对应着总雨衰为 13dB，而后者则对应着 34.5dB。换言之，一个位于 K 区的地球站，如果按 $[M_R] = 13$dB 设计链路，则链路中断的时间概率为 0.01%，而如果要将中断的时间概率降至 0.001%，则需要采用高达 34.5dB 的 $[M_R]$。链路设计中预留更大的降雨备余量有利于缩短链路中断的时间，但由于在链路中考虑了更大的损耗，势必对链路中的上行站、卫星以及接收站提出更高的要求，从而造成系统成本的升高——发送站需要发送更大的 EIRP、接收站需要更大的天线口径、卫星需要发送更大的 EIRP。

如果我们规划一条卫星链路时，预留的降雨备余量 $[M_R]$ 是超越概率为 $p\%$ 的降雨率所对应的雨衰，则意味着出现雨衰超出备余量而造成链路中断的概率为 $p\%$，而链路不中断的概率（即链路可用度）为 $1-p\%$。

如果设计过程中上、下行链路采用的降雨备余量分别为 $[M_{RU}]$ 与 $[M_{RD}]$，两个备余量分别对应降雨率为 R_U 与 R_D 的雨衰值，发送站所在地降雨率超过 R_U 的概率为 $p_U\%$，接收站所在地降雨率超过 R_D 的概率为 $p_D\%$。则发送站地区降雨使雨衰超过 $[M_{RU}]$ 而导致链路质量不满足要求的概率为 $P_{OU}=p_U\%$，接收站地区使雨衰超过 $[M_{RD}]$ 而导致链路质量不满足要求的概率为 $P_{OD}=p_D\%$。链路可用度为

$$P=P_{\text{上行链路降雨不中断}}P_{\text{下行链路降雨不中断}}=(1-P_{OU})(1-P_{OD})=1-P_{OU}-P_{OD}+P_{OU}P_{OD} \quad (3\text{-}69)$$

由于设计中 $p_U\%$ 与 $p_D\%$ 均非常小，且一般认为两站不在同一地区，因此一般不考虑发送站与接收站所在地区同时出现较严重降雨（即超过备余量对应的降雨率），这样上式可近似为

$$P\approx 1-P_{OU}-P_{OD} \quad (3\text{-}70)$$

假设一个发送站位于 K 雨区的北京，接收站位于 M 雨区的南京，参考表 3-8，如果北京和南京分别用 70mm/h 和 63mm/h 的降雨率来计算上、下行降雨备余量 $[M_{RU}]$ 与 $[M_{RD}]$，并使得所设计链路质量满足要求，则上行链路出现降雨导致链路中断的概率为 $P_{OU}=0.003\%$，下行链路出现降雨导致链路中断的概率为 $P_{OD}=0.01\%$，据此可得总的链路可用度为

$$P=P_U P_D=(1-0.003\%)(1-0.01\%)\approx 99.987\%$$

对应这一链路在每年中的中断时间为

$$T_{OTG}=(1-P)\times 365\times 24h\approx 1.1h$$

3.5.7 链路分析实例

某个使用静止轨道卫星透明转发器为中继的单向链路参数如下。

（1）信号参数

信息速率：64kbit/s；纠错编码方式：1/2 卷积码；

调制方式：QPSK；升余弦滚降成形滤波器滚降系数：0.25；

BER 门限：10^{-6}，对应门限 E_b/n_0：5.5dB；

上行信号频率：14GHz；下行信号频率：12.5GHz。

（2）地球站

上行站：北京（116.4°E，40°N）；天线口径：7.5m，效率：0.55；

下行站：南京（118.4°E，32°N）；天线口径：3.0m，效率：0.55；

净空（晴朗无云）天线噪声温度：60K；

LNA 噪声系数：0.8dB；LNA 增益：40dB；

接收机噪声温度：2000K。

（3）卫星

轨道位置：110°E；

转发器带宽：54MHz；上行站所在地区 $[SFD]_S$：-89.0dBW/m²；

上行站所在地区 $[G/T]$：1.6dB/K；下行站所在地区单载波饱和 $[EIRP]_S$：50dBW；

转发器工作点：$[BO]_i=6dB$，$[BO]_o=3dB$。

（4）其他条件

净空情况下上、下行链路假设大气吸收损耗为 1dB，忽略极化旋转、大气层闪烁等影响；天线指向误差损耗参表 3-6。

问题：

1）计算净空情况下链路总的 $[C/N]$，并据此判断此链路是否可达到 BER 的要求。

2）计算上行站发送功率。

3）下行链路雨衰达到 7.37dB 时，计算链路总的 $[C/N]$，并判断此情况下是否可达到 BER 的要求。

4）若上行链路降雨造成 6.16dB 雨衰，计算链路总的 $[C/N]$，并判断此情况下是否可达到 BER 的要求。

问题分析：

1）为计算整个单向链路的 C/N，需要通过式（3-60）与式（3-65）分别计算上、下行链路的 C/N。为方便起见将其再次列出

$$\left[\frac{C}{N}\right]_U = [SFD_s] + 10\lg\left(\frac{\lambda^2}{4\pi}\right) + \left[\frac{G}{T}\right]_S - [BO_i] + [Y] - [k] - [B_n]$$

$$\left[\frac{C}{N}\right]_D = [EIRP]_{s.s} - [BO]_O - [L]_D + \left[\frac{G}{T}\right]_E + [Y] - [k] - [B_n]$$

为计算 $[C/N]_U$，除玻尔兹曼常数 $[k]$ 为常数外，$[SFD]_s$、$[G/T]_s$、$[BO]_i$ 为已知的卫星参数，需要预先计算上行信号波长 λ、载波功率分配因子 $[Y]$ 以及信号接收机的等效噪声带宽 $[B_n]$。

为计算 $[C/N]_D$，则需要预先计算下行传播损耗 $[L]_D$、$[Y]$、$[B_n]$ 与 $[G/T]_E$。

此外，为了判断链路总的 C/N 是否符合要求，应计算 C/N 的门限。

2）上行发送站 EIRP 可通过式（3-63）计算。

3）下行链路出现降雨时，需要考虑雨衰在 $[L]_D$ 中引起入的衰减增加以及天线噪声温度的增加。

4）上行链路出现降雨，在分析时应注意其后果的区别：上行链路降雨会导致上、下行链路 C/N 同时下降，但不会导致接收方（卫星）的天线噪声温度变化，G/T 也不会变化。

解： 1）计算必要的参数。首先由信号基本参数计算其占用带宽，从而获得信号在转发器中占用的频带比例，按照功带平衡原则，可认为功率占用比例与带宽占用比例相同，从而获得功率分配因子 Y；同时也可以依据信号的符号速率计算得到接收系统的等效噪声带宽 B_n。

差错控制编码后输出码速率为 $R_{code} = \dfrac{R_b}{R_c} = \dfrac{64 \times 10^3}{1/2}\,\text{bit/s} = 128\text{kc/s}$

速率为 R_{code} 的码字以 QPSK 调制，QPSK 符号速率 $R_s = \dfrac{R_{code}}{\log_2 4} = 64\text{kBaud}$

由式（3-18）可得信号实际带宽为 $B_s = R_s(1+\alpha) = 64 \times 10^3 (1+0.25)\,\text{Hz} = 80\text{kHz}$

考虑信号在转发器带宽的占用比例即为功率占用比例，由式（3-62）可得功率分配因子

$$Y = \frac{B_s}{B_T} = \frac{80 \times 10^3}{54 \times 10^6} = 1.48 \times 10^{-3}$$

分贝形式为 $[Y] = 10\lg Y = -28.29\text{dB}$

由式（3-20）可得信号接收系统的等效噪声带宽 $B_n = 1.1 \times R_s = 70.4\text{kHz}$

依据上面得到的 B_n，可以由门限 BER 所对应的 $[E_b/n_0]_{thr}$ 计算得到门限 $[C/N]_{thr}$，以此作为所设计链路是否可达到要求的判定标准。

由式 (3-53), $\left(\dfrac{C}{N}\right)_{\text{thr}} = \left(\dfrac{E_b}{n_0}\right)_{\text{thr}} \dfrac{R_b}{B_n}$, 于是有

$$\left[\frac{C}{N}\right]_{\text{thr}} = \left[\frac{E_b}{n_0}\right]_{\text{thr}} + 10\lg R_b - 10\lg B_n = (5.5 + 48.06 - 48.48)\,\text{dB} \approx 5.1\,\text{dB}$$

接下来由上、下行站天线参数计算上、下行站天线增益, 前者用于 EIRP 计算上行站发送功率, 后者则用于计算下行站 G/T 值。

由上、下行信号频率可得上、下行信号波长分别为

$$\lambda_U = \frac{C}{f_U} = \frac{3 \times 10^8}{14 \times 10^9}\,\text{m} = 0.021\,\text{m}, \quad \lambda_D = \frac{C}{f_D} = \frac{3 \times 10^8}{12.5 \times 10^9}\,\text{m} = 0.024\,\text{m}$$

由上、下行天线口径可得两者口面面积分别为

$$A_U = \pi\left(\frac{d_U}{2}\right)^2 = \pi\left(\frac{7.5}{2}\right)^2\,\text{m}^2 = 44.18\,\text{m}^2, \quad A_D = \pi\left(\frac{d_D}{2}\right)^2 = \pi\left(\frac{3.0}{2}\right)^2\,\text{m}^2 = 7.07\,\text{m}^2$$

于是由式 (3-1) 可得上、下行站天线增益分别为

$$[G]_U = 10\lg\frac{4\pi A_U \eta}{\lambda_U^2} = 10\lg\frac{4\pi \times 44.18 \times 0.55}{0.021^2}\,\text{dB} = 58.4\,\text{dB}$$

$$[G]_D = 10\lg\frac{4\pi A_D \eta}{\lambda_D^2} = 10\lg\frac{4\pi \times 7.07 \times 0.55}{0.024^2}\,\text{dB} = 49.29\,\text{dB}$$

在得到 $[G]_D$ 后, 为得到 G/T 值, 还需要计算下行站净空情况下接收系统等效噪声温度。根据噪声系数与等效噪声温度的关系式 (3-25), 可得 LNA 等效噪声温度为

$$T_{\text{LNA}} = 290(10^{\frac{\text{NF}}{10}} - 1)\,\text{K} = 290(10^{\frac{0.8}{10}} - 1)\,\text{K} = 58.66\,\text{K}$$

将 LNA 增益从分贝形式转换为普通数值, 得到 $G_{\text{LNA}} = 10^{\frac{[G]_{\text{LNA}}}{10}} = 1 \times 10^4$

于是由式 (3-23)、式 (3-34), 可得下行接收站总的等效噪声温度为

$$T_D = T_A + T_e = T_A + \left(T_{\text{LNA}} + \frac{T_{\text{RCV}}}{G_{\text{LNA}}}\right) = \left(60 + 58.66 + \frac{2000}{1 \times 10^4}\right)\,\text{K} = 118.86\,\text{K}$$

继而可得下行站 G/T 值为 $\left[\dfrac{G}{T}\right]_D = [G]_D - 10\lg T_D = (49.29 - 10\lg 118.86)\,\text{dB/K} = 28.54\,\text{dB/K}$

下面计算上、下行链路的自由空间传播损耗, 前者用于计算上行站 EIRP 以及发送功率, 后者则用于计算下行链路 $[C/N]$。

根据卫星轨道位置以及上、下行站的位置, 可计算信号传播距离, 进而得到自由空间传播损耗。按第 2 章静止卫星地球站距离算式可得上、下行站距卫星距离分别为

$$\begin{aligned}
D_U &= 42164.6\sqrt{1.023 - 0.302\cos B_U \cos(L_U - L_S)}\,\text{km} \\
&= 42164.6\sqrt{1.023 - 0.302\cos 40° \cos(116.4° - 110°)}\,\text{km} \\
&= 37550\,\text{km}
\end{aligned}$$

$$\begin{aligned}
D_D &= 42164.6\sqrt{1.023 - 0.302\cos B_D \cos(L_D - L_S)}\,\text{km} \\
&= 42164.6\sqrt{1.023 - 0.302\cos 32° \cos(118.4° - 110°)}\,\text{km} \\
&= 36990\,\text{km}
\end{aligned}$$

于是, 上、下行自由空间传播损耗分别为

$$[L_{fU}] = 10\lg\frac{4\pi D_U}{\lambda_U} = 206.9\text{dB}\ ,\ [L_{fD}] = 10\lg\frac{4\pi D_D}{\lambda_D} = 205.7\text{dB}$$

由表 3-6 可得下行站天线指向误差约为 0.2dB，假设有 1dB 大气吸收损耗，可得下行链路总损耗为

$$[L]_D = [L_{fD}] + 0.2\text{dB} + 1\text{dB} = 206.9\text{dB}$$

2）计算上、下行链路均为净空情况下的链路总 C/N。依据前面计算得到的参数，由式（3-60）可得上行链路载波、噪声功率比为

$$\begin{aligned}\left[\frac{C}{N}\right]_U &= [\text{SFD}_S] + 10\lg\frac{\lambda^2}{4\pi} + \left[\frac{G_S}{T_S}\right] - [\text{BO}_i] + [Y] - [k] - [B_n]\\ &= [-89 + (-44.37) + 1.6 - 6.0 + (-28.29) - (-228.6) - 48.48]\text{dB}\\ &= 14.06\text{dB}\end{aligned}$$

其真值为 $\left(\dfrac{C}{N}\right)_U = 10^{\left[\frac{C}{N}\right]_U/10} = 25.46$

由式（3-65）可得

$$\begin{aligned}\left[\frac{C}{N}\right]_D &= [\text{EIRP}]_{S.S} - [\text{BO}]_O - [L]_D + \left[\frac{G}{T}\right]_E + [Y] - [k] - [B_n]\\ &= [50 - 3 - 206.9 + 28.54 + (-28.29) - (-228.6) - 48.48]\text{dB}\\ &= 20.42\text{dB}\end{aligned}$$

相应地有 $\left(\dfrac{C}{N}\right)_D = 10^{\left[\frac{C}{N}\right]_D/10} = 110.26$

由式（3-66）可得链路总的载波、噪声功率比为 $\left(\dfrac{C}{N}\right) = \dfrac{1}{\left(\dfrac{C}{N}\right)_U^{-1} + \left(\dfrac{C}{N}\right)_D^{-1}} = 20.68$

即 $\left[\dfrac{C}{N}\right] = 10\lg\dfrac{C}{N} = 13.16\text{dB}$

由于门限 $\left[\dfrac{C}{N}\right]_{\text{thr}} = 5.1\text{dB}$，链路 $\left[\dfrac{C}{N}\right]$ 明显大于此门限，因此可以达到 BER 要求。

3）计算上行站发送 EIRP。由表 3-6 可得上行站天线指向误差约为 0.5dB，假设有 1dB 大气吸收损耗，则上行链路传播损耗为

$$[L]_U = [L_{fU}] + 0.5\text{dB} + 1\text{dB} = 207.2\text{dB}$$

于是可由式（3-63）得到上行站 EIRP

$$\begin{aligned}[\text{EIRP}_{E1}] &= [\text{SFD}_S] + 10\lg\frac{\lambda^2}{4\pi} - [\text{BO}_i] + 10\lg Y + [L_U]\\ &= [-89 + (-44.37) - 6 + (-28.29) + 207.2]\text{dBW}\\ &= 39.58\text{dBW}\end{aligned}$$

相应地，发送功率为 $[P_T] = [\text{EIRP}_{E1}] - [G]_U = -18.65\text{dBW}$，即 $P_T \approx 0.014\text{W}$

4）下行链路出现降雨时的 C/N。在下行链路出现降雨时，设地表温度 $T_s = 290\text{K}$，由式（3-30）可得 $T_m = 272.37\text{K}$，于是按式（3-29）可得降雨造成的天线噪声温度增量为

$$T_R = T_m(1 - 10^{\frac{-7.37}{10}}) = 222.46\text{K}$$

于是可得降雨情况下，下行站总的等效噪声温度为

$$T_{\mathrm{D}}=(T_{\mathrm{A}}+T_{\mathrm{R}})+T_{\mathrm{e}}=(T_{\mathrm{A}}+T_{\mathrm{R}})+T_{\mathrm{LNA}}+\frac{T_{\mathrm{RCV}}}{G_{\mathrm{LNA}}}=\left[(60+222.46)+58.66+\frac{2000}{1\times10^4}\right]\mathrm{K}=341.32\mathrm{K}$$

下行站 G/T 值为

$$\left[\frac{G}{T}\right]_{\mathrm{D}}=(49.29-10\lg341.32)\mathrm{dB/K}=23.95\mathrm{dB/K}$$

下行链路损耗

$$[L]_{\mathrm{D}}=[L_{\mathrm{fD}}]+0.2\mathrm{dB}+1\mathrm{dB}+[A_{\mathrm{R}}]=214.3\mathrm{dB}$$

下行链路降雨情况下的载波、噪声功率比为

$$\left[\frac{C}{N}\right]_{\mathrm{D}}=[\mathrm{EIRP}]_{\mathrm{S.S}}-[\mathrm{BO}]_{\mathrm{O}}-[L]_{\mathrm{D}}+\left[\frac{G}{T}\right]_{\mathrm{D}}+[Y]-[k]-[B_n]$$
$$=[50-3-214.3+23.95+(-28.29)-(-228.6)-48.48]\mathrm{dB}$$
$$=8.47\mathrm{dB}$$

按净空相同方法，可得链路总的载波、噪声功率比为 $\left[\dfrac{C}{N}\right]=7.41\mathrm{dB}$。

与 $\left[\dfrac{C}{N}\right]_{\mathrm{thr}}=5.1\mathrm{dB}$ 相比，下行链路出现 7.37dB 雨衰时仍可满足 BER 门限要求。

5）上行链路出现降雨时 C/N 计算。当上行链路出现降雨造成 6.16dB 雨衰时，此时上、下行信号功率均会降低，从而使 C/N 均会受到影响

$$\left[\frac{C}{N}\right]_{\mathrm{U}}=14.06\mathrm{dB}-6.16\mathrm{dB}=7.90\mathrm{dB}，数值为\left(\frac{C}{N}\right)_{\mathrm{U}}=6.17$$

$$\left[\frac{C}{N}\right]_{\mathrm{D}}=20.42\mathrm{dB}-6.16\mathrm{dB}=14.26\mathrm{dB}，数值为\left(\frac{C}{N}\right)_{\mathrm{D}}=26.69$$

$\left(\dfrac{C}{N}\right)=5.01$，并有 $\left[\dfrac{C}{N}\right]=7.0\mathrm{dB}$，与 5.1dB 的门限要求比较可知，上行链路出现 6.16dB 雨衰时，可以满足门限要求。

习　题

1. 计算下列天线参数（天线效率按 55% 计算）：

1）直径为 3m 的圆口面抛物面天线在频率为 6GHz 与 14GHz 时的增益，单位为 dBi。

2）直径为 30m 的圆口面抛物面天线在 4GHz 频率工作时的有效面积和增益，单位为 dBi。

3）工作频率为 12GHz、增益为 46dBi 的天线的有效面积；若此天线为圆口面抛物面天线，计算天线口面直径。

2. 计算下述卫星链路的信号自由空间传播损耗：

1）GSO 卫星，相对于某地球站距离为 38000km，通信信号频率为 12GHz。

2）轨道高度为 1000km 的低轨道卫星，位于某地球站正上方时，两个信号频率分别为 1.6GHz 与 30GHz。

3. 某地球站天线口径 1.2m，采用 0.5W 功放，频率为 14GHz，求地球站最大 EIRP。

4. 某地球站发送信号的 [EIRP] = 30dBW，卫星至地球站距离为 36000km。

1) 求该信号到达卫星接收天线口面时的功率通量密度。

2) 如果卫星的 SFD 为 −90dBW/m^2，该地球站所发送信号占用整个转发器，那么地球站的 [EIRP] 应为多大？

3) 若转发器带宽为 54MHz，信号只占用 10MHz 带宽，功率分配因子与占用带宽的比例因子相同，在转发器工作点 [BO$_i$] =6dB，地球站的 [EIRP] 应为多大？

5. LNA 增益为 40dB，噪声系数为 1.5dB，其输出端连接一个噪声系数为 12dB 的接收机，计算 LNA 输入端的等效噪声温度。

6. 某衰减器衰减 6dB，求：1) 此衰减器的等效噪声温度；2) 衰减器的噪声系数。

7. 计算图 3-51 所示的电路中接收设备入口（即 LNA 输入端）的系统等效噪声温度。

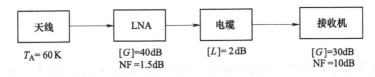

图 3-51　接收系统示意图

8. 某接收天线在晴天情况下噪声温度为 60K，计算其在出现 10dB 雨衰情况下的噪声温度。

9. 按式（3-37）重做例 3-9。

10. 某卫星信号，信息速率为 36Mbit/s，采用码率 3/4 卷积编码，QPSK 调制。

1) 计算信号接收系统的等效噪声带宽。

2) 信号采用升余弦滚降滤波器作为成形滤波器，滚降系数 α = 0.5，求信号实际占用带宽。

3) 若 BER 达到指标要求需要 [E_b/n_0] =5.5dB，计算与之对应的 [C/N]。

11. 一个卫星链路，上、下行链路信号、噪声功率比分别为 25.7dB 和 10.75dB。计算合成链路的 [C/N]。

12. 若某链路上行站所在地区雨衰超过 [A_U]dB 的概率为 0.07%，下行站所在地区雨衰超过 [A_D]dB 的概率为 0.012%，且计算表明，上行采用降雨备余量 [A_U]dB、下行采用降雨备余量 [A_D]dB 时，正好达到 E_b/n_0 门限要求，计算链路可用度。

第4章

卫星通信传输技术

物理层传输技术是卫星通信系统的基础，当前绝大多数卫星通信系统采用的都是数字传输技术。本章重点介绍点对点卫星通信中常用的数字传输技术，主要包括信源编码、信道差错控制编码、数字调制、接收机同步以及广泛应用的扩频技术等。对于任何一个通信系统，传输技术的选取与系统的信道特性密切相关。在介绍具体的传输技术之前，首先简要介绍一下卫星通信信道的特点。

4.1 卫星通信信道

卫星通信系统中，卫星信道是非常重要的组成部分。收发双方所处位置、通信频段和应用场景等均会对卫星信道的特性造成影响。比如说，信关站和静止轨道卫星之间构成的馈电链路，双方相对静止，几乎没有多普勒频移；且信关站会选址在开阔地，其与卫星之间没有遮挡；加上信关站的天线较大，波束指向性强，几乎没有多径效应。静止卫星与信关站构成的星地之间的信道就是近似理想的高斯信道，信道对信号的影响主要是幅度衰减和噪声的叠加。再举个例子，对于低轨移动卫星通信系统，卫星绕地球做高速运动，信关站与卫星之间尽管可能不存在遮挡、多径传播等，但多普勒频移大；而对于陆地移动用户而言，除了卫星运动和用户移动引起的多普勒频移外，其所处环境复杂，还可能存在地形、建筑物等引起的遮挡、反射、散射等。

下面从信号传播所经过的路径和地球站所处环境来描述卫星信道的特性。

卫星信号在星地之间传输需要穿越对流层、平流层、电离层和外层空间，经历很长的传播路径，会受到多种因素的影响，包括自由空间传播损耗、大气吸收、雨衰、折射、闪烁、法拉第旋转等。由于信号的传播路径绝大部分是在外层空间，自由空间损耗通常是整个系统最主要的损耗。自由空间传播损耗与传输距离和通信频率有关，传输距离越远，通信频率越高，自由空间传播损耗越大。大气吸收、雨衰等主要对高频率的信号影响较大。大气折射、信号闪烁对低仰角通信链路影响明显。

地球站所处环境是影响信道特性的另一个重要因素。当地球站位于开阔地时，四周没有障碍物和反射物等，星地之间只有直射路径，信道模型近似为高斯模型，即信号在传输过程中只有幅度衰减和相移，并叠加了高斯白噪声。但很多时候地球站所处的环境并不理想，特别是移动卫星通信的用户链路（即移动用户与卫星之间的通信链路）部分，用户所处环境复杂多样，如起伏的地形、树木、高大建筑物等遮蔽会引起阴影效应，信号的反射、散射等会引起多径效应，而移动用户和卫星之间的相对运动会有多普勒效应。接下来分别介绍这几种效应及其影响。

（1）阴影效应

当阳光照在大地上，房子、树木都有影子，这个影子不是完全的黑暗，而是强度减弱较多的光，这就是光传播过程中的阴影效应。光是频率较高的电磁波，卫星通信使用的是微波频段，也存在类似的阴影效应。由于地形、建筑物或树木等的遮挡，在遮挡物的背面，会形成信号强度较弱的阴影区，产生传播的半盲区，类似于太阳光受阻挡后产生的阴影，接收终端和专业仪表可以测试出这种阴影。当卫星通信用户从直射区域移动到阴影区域内时，接收信号的场强中值会大幅度降低。

（2）多径效应

由于接收者所处地理环境的复杂性，接收到的信号不仅有直射波的主径信号，还有从不同物体反射及散射过来的多条不同路径的信号，而且来自不同路径的信号到达时的信号强度、载波相位各不相同，接收信号是各路径信号的矢量和。各路径的信号相互之间会产生干扰。图 4-1 给出了卫星信号多径传播的示意图。

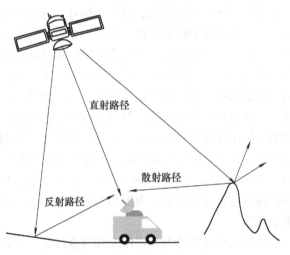

图 4-1　卫星信号多径传播示意图

图 4-1 中，地球站接收到的信号 $r(t)$ 中包括一个直射分量 $a(t)$、一个镜面反射分量 $s(t)$（即从金属物、海平面、湖面等光滑表面反射过来的相干分量）和由周围散射体散射产生的多径分量 $d(t)$，即

$$r(t) = a(x)\big[a(t) + s(t) + d(t)\big] \tag{4-1}$$

其中，$a(x)$ 是一个与环境有关的损耗因子，当不存在阴影效应时，$a(x) = 1$。

由于多径传播的随机性，通常很难描述接收信号的包络和相位特性，只能采用统计的方法表示。当接收信号中有一个直射分量，多径信号的同相和正交分量相互独立且幅度服从零均值的正态分布、相位服从均匀分布时，接收信号的概率分布函数服从莱斯分布。当直射分量被完全遮蔽，即 $a(t) = 0$ 时，莱斯分布趋向于瑞利分布。由于卫星通信传输距离远，自由空间传播损耗大，接收机的接收信号十分微弱，对于没有直射分量的瑞利衰落信道，信号通常无法成功接收。卫星通信的信道一般近似为高斯信道或莱斯信道。

（3）多普勒效应

当卫星和地面终端相对高速移动时，接收信号的频率与发送频率相比会发生偏移。频率偏移的大小与通信频率以及两者相对运动的速度成正比，通信频率越高，相对运动速度越大，接收信号的频率偏移值越大，反之越小。频率偏移的方向，即是接收频率高于发射频率还是低于发射频率，与两者相对运动的方向有关。例如，当你处于铁路与公路的交叉路口时，会发现火车从远处驶向交叉路口时汽笛声的音调会变尖（频率变大），火车驶离交叉路口时汽笛声的音调会变低（频率变小），这就是多普勒效应。当卫星与地面终端相向运动，接收频率高于发射频率，当两者背向运动时，接收频率低于发射频率。

卫星通信信号传输距离远，自由空间传播损耗大，受卫星轨道和地面终端用户所处环境的影响，信号传播过程中可能存在阴影效应、多径效应和多普勒效应等。卫星通信所采用的传输技术与信道有着紧密的关系，本章接下来的部分将重点介绍卫星通信中常用的传输技术。

4.2 信源编码

卫星通信系统的信源有两大类：模拟信号和数字信号。例如，语音信号、胶片拍摄的照片和视频等属于模拟信号，而数码照片、计算机文件等属于数字信号。相比模拟信号而言，数字信号具有抗干扰能力强、噪声不累积、便于加密和便于采用数字信号处理技术等诸多优点。若输入是模拟信号，则在数字通信系统的信源编码部分需要对模拟信号进行数字化，或称为模/数转换，将其转换为数字信号。数字化的过程包括三个步骤：抽样、量化和编码。第一步是抽样，即将模拟信号抽样，通常抽样是按照等时间间隔进行的，抽样后成为抽样信号，它在时间上是离散的，但其取值仍是连续的，所以是离散模拟信号。第二步是量化，量化的结果使抽样信号变成量化信号，其取值是离散的。故量化信号已经是数字信号了，它可以看成是多进制的数字脉冲信号。第三步是编码，最基本和最常用的编码方法是脉冲编码调制（PCM，Pulse Code Modulation），它将量化后的信号变成二进制码元。由于编码方法直接和系统的传输效率有关，为提高传输效率，常对 PCM 后的码流做进一步压缩，再在通信系统中传输。

压缩编码通常分为无损压缩和有损压缩。编码后的码流往往存在冗余度，在发送端进行编码时去除这些冗余度，接收端根据压缩后的数据可完全恢复原始数据而不引起任何失真，这类压缩称为无损压缩。有损压缩是利用了人类对图像或声波中的某些频率成分不敏感的特性，允许压缩过程中损失一定的信息；接收端虽然不能完全恢复原始数据，但是所损失的部分对理解原始信号的影响很小。有损压缩广泛应用于语音、图像和视频的编码。有损压缩相对于无损压缩的压缩比更高，但对原始数据有损伤。

由于语音和图像是卫星通信中两类重要的信源，下面简要介绍信源编码中的语音编码和图像编码。

4.2.1 语音编码

语音编码就是对模拟的语音信号进行数字化，将其转化成数字信号，并进行压缩编码以降低传输码率。

语音编码的基本方法可分为波形编码、参量编码和混合编码。

（1）波形编码

波形编码是从语音信号波形的特点出发，在时间轴上对模拟语音按一定的速率抽样，对波形的采样值，或其预测值，或其预测误差值进行分层量化编码，并用二进制代码表示。解码是其反过程，将收到的数字序列经过解码和滤波恢复成模拟信号。

波形编码的基本特点如下：

1）以重构语音波形为目的，力图使重建的语音波形保持原语音信号的波形形状。

2）适应能力强，语音质量好。

3）码元速率高。

4）在 16~64kbit/s 的速率上获得较高的编码质量，当速率进一步下降时，其语音质量会下降较快。

最早的波形编码是 PCM（脉冲编码调制），CCITT（国际电报电话咨询委员会）于 1972 年制定了 A 律和 μ 律两种 PCM 语音编码标准，分别为 ITU-T G.711A 和 ITU-T G.711μ，其编码速率为 64kbit/s。PCM 能够提供很好的语音质量，但码元速率高，需要占用的带宽资源大。

研究发现，语音信号相邻样值之间的差值远小于采样值本身。在 PCM 的基础上，利用语音信号相邻样值之间的相关性，对相邻样值之间的差值进行编码，而不是对采样值本身进行编码，能够有效降低码元速率，这种码元方法称为差分脉冲码元调制（DPCM）。实际上，当前的采样值不仅与上一时刻的采样值相关，还和前面多个采样值存在相关性。只有充分利用这些相关性，才能更好地降低码元速率。可以通过用前面若干采样值的线性组合来预测当前的采样值，得到一组线性预测系数以及预测误差信号。线性预测的阶数越高，预测误差就越小，相应的码元速率就可以越低。DPCM 的码元速率能降低到何种程度，主要取决于预测精度，也就是取决于预测误差的大小。

由于 DPCM 采用的是固定预测系数的预测器，当输入的语音信号起伏变化时，无法保证预测器始终处于最佳预测状态，使得误差为最小。解决这一问题比较好的方法，一是采用自适应技术动态地调整预测系数，以保证预测器始终处于最佳预测状态；二是采用自适应量化技术对预测误差信号进行量化，以进一步降低码元速率。这种采用自适应量化和高阶自适应预测技术的 DPCM 称为自适应差分脉冲编码调制（ADPCM）技术。

还有一种特殊形式的 DPCM 编码方式称为增量调制（DM，Delta Modulation）。当系统的采样频率大于奈奎斯特采样频率许多倍时，相邻采样值之间的相关性很强，差分信号的幅度值会在一个很小的范围内变化，于是就可以用正负两个固定的电平来表示差分信号。在 DM 编码中，仅用 1bit 对差分信号进行量化，指示出电平变化的极性。基本的 DM 使用固定的量化台阶 Δ。当差分信号的幅度大于 Δ 时，量化为 0，小于-Δ 时，量化为 1；当差分信号的绝对值小于 Δ 时，既可取 0 又可取 1，此时一般使得 0、1 交替出现。

（2）参量编码

参量编码从语音信号的产生机理出发，构造语音信号的模型，根据模型对语音信号进行分析，可以得到其谱包络、基音周期和清浊音判决等信息，其中谱包络信息是一组定义声道共振特性的滤波器系数。对这些参数进行编码并传输到接收端，接收端根据特征参数通过模型重构语音信号。

参量编码的基本特点如下：

1）码元速率低，最低可压缩至几百比特每秒。

2）合成的语音质量差，只能达到中等，自然度较低。

3）不以重构语音波形为目的，在解码端重构一个新的有相似声音但波形不尽相同的语音信号。

尽管参量码元具有码元速率低的特点，但由于收发波形的不一致，使得语音质量损失较大，编码后的语音质量不高。

最常用的参数声码器是线性预测编码（LPC）声码器，其采用线性预测分析合成原理，对模型参数和激励参数进行编码传输，接收端再根据译码得到的参数，重新合成语音。LPC-10 声码器在军事通信和保密通信中得到了广泛应用。美国政府于 1981 年将 LPC-10 声码器规定为政府标准，称为 FS-1015 标准。这种声码器在 2.4kbit/s 速率上能给出清晰可懂的合成语音，但是在语音自然度、抗噪声性能方面还存在不少缺点。

（3）混合编码

混合编码将波形编码和参量编码组合起来，克服了原有波形编码和参量编码的弱点，结合各自的长处，力图保持波形编码的高质量和参量编码的低速率，目前在 1.2～16kbit/s 速率上能够得到高质量的合成语音。低速率、高质量是混合编码的基本特点。

实际上，随着数字信号处理技术的发展，语音压缩编码发展迅速，上述语音编码器的分类方法只是一种较通用的方法，并非十分严格。目前，除了传统的波形编码器和参数编码器以外，许多新型的语音编码技术都比较复杂，很难严格分类，如基于分析合成技术的线性预测编码器既可以视为波形编码，也可以视为混合编码。

几种常用的混合编码方式如规则脉冲激励长时预测（RPE-LTP）、码本激励线性预测（CELP）编码、矢量和激励线性预测（VSELP）编码、多带激励（MBE）编码、混合激励线性预测（MELP）编码等。

语音编码质量用质量评估指标衡量，分为以听觉感知衡量的主观评价标准和以失真度衡量的客观评价指标两大类。

国际上常用的主观评价标准主要有：主观评定等级（Subjective Opinion Scale）或称平均评价分（MOS, Mean Opinion Score）、诊断押韵测试（DRT, Diagnostic Rhyme Test）、诊断可接受度（DAM, Diagnostic Acceptability Measure）、可懂度指数（AI, Articulation Index）等。

由于语音质量高低的直接感受者是听众的主观感觉，因此目前广泛采用的评定方法是MOS。获取 MOS 的方法是，由数十名试听者在不同的信道环境中试听并给予评分，然后求出统计平均分。分数等级采用 5 级分制：5 分为优，4 分为良，3 分为中，2 分为差，1 分为不可接受。4 分及 4 分以上为高质量语音编码，又称为"网络级质量"。3.5 分为"通信级质量"，此时听者能够感觉出语音质量有所下降，但不影响正常的电话通信。3 分及 3 分以下为"合成级质量"，这种语音编码具有一定的可懂度，但自然度（即讲话人的特征）较差，以至于难以识别讲话人。

实际上，听者对语音质量的主观感觉与注意力的集中程度密切相关。因此，对应于主观评定等级，还有一个收听注意力等级（Listening Effort Scale）。表 4-1 列出了主观评定等级制的质量等级、平均评价分和相应的收听注意力等级。

主观评价的其他标准能给出质量的不同意义，如 DRT 能给出字的可懂度，DAM 则可给出语言的可接受度。

表 4-1　主观评定等级

质 量 等 级	平均评价分	收听注意力等级
优	5	可完全松弛，不需要注意力
良	4	需要注意，但不需要明显集中注意力
中（正常）	3	需要中等程度注意力
差	2	需要集中注意力
劣（不可接受）	1	即使努力去听，也很难听懂

客观评价可在时域和频域进行。时域方法有信噪比、加权信噪比、平均分段信噪比等；频域方法有谱失真测度、LPC 倒谱距离测度等。需要说明的是，以上方法都建立在度量均方误差的基础上，其特点是计算简单，但不能完全反映人对语音质量的感觉，对于速率为 16kbit/s 以下的中低速率语音编码尤为突出，主要适用于速率较高的波形编码。

4.2.2　图像编码

与文字和语音信号相比，图像信号需要更大的存储空间和传输带宽，对图像进行压缩编码有着非常迫切的需求。

图像压缩的理论基础是香农提出的信息论。香农信源编码定理指出，在不产生任何失真的前提下，通过合理的编码，依据每一个信源符号出现的概率给其分配不等长的码字，平均码长可以任意接近于信源的熵。在这个理论框架下，出现了几种不同的无失真压缩编码算法，如 Huffman 编码、游程编码等。这些编码方法应用于图像编码，能够对降低码元速率起到一定的作用，但对于复杂的图像，压缩比偏低。

无失真信源编码对压缩率的限制，使其难以满足大多数图像存储和传输的需要。根据应用的需求，人们对有失真压缩进行了广泛的研究。图像信号的空间分布和时间分布都存在着很大的冗余。给定一幅数字图像，它在空间上可以表示成一个像素阵列，相邻的像素之间存在很强的相关性。视频图像中，时间维度上的前后帧也有很多的相关性。同时，考虑到人眼的视觉特性，图像中还有许多人眼不敏感的"次要"信息。有失真压缩的目的是去除图像数据里空间和时间维度上的冗余信息和对视觉不重要的细节，以尽可能少的码字来表示所处理的图像。图 4-2 为图像中的冗余。

对图像压缩编码算法的评价指标主要包括图像质量、压缩比和编码延时。

图像质量：对压缩后的图像质量有两种评价准则，一是客观准则，二是主观准则。客观准则是对压缩还原后的图像与原始图像的误差进行定量计算，一般是对整个图像或者对图像中一个指定的区域进行某种平均计算，以得到均方误差。主观准则是选择一组评价者给待评图像进行打分，对这些主观打分进行平均获得一个主观评价分。表 4-2 给出了两种典型的主观评价标准。

压缩比：表示原始图像每像素的比特数同压缩后平均每像素的比特数的比值。无损压缩一般不超过 3∶1，而有损压缩则可达数千甚至更大。

编码延时：实现图像压缩时的运算时间和缓冲时间间隔，与复杂度和压缩时用到的相关时长有关。

图像压缩编码有许多国际标准，下面简要介绍静止图像压缩标准和运动图像压缩标准。

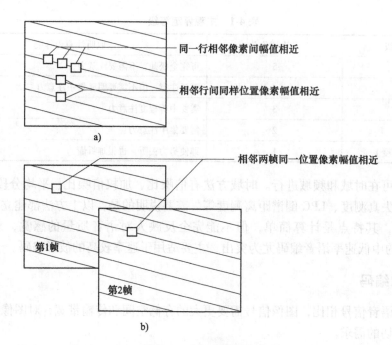

同一行相邻像素间幅值相近

相邻行间同样位置像素幅值相近

a)

相邻两帧同一位置像素幅值相近

第1帧

第2帧

b)

图 4-2　图像中的冗余
a）同一帧（空间冗余度）　b）相邻帧（时间冗余度）

表 4-2　图像质量的主观评价标准

得分	第一种评价标准	第二种评价标准
5	非常好	感觉不到失真
4	好	感觉到失真，但没有不舒服的感觉
3	一般	稍有不舒服的感觉
2	较差	不舒服
1	差	非常不舒服

最常见的静止图像压缩标准是 JPEG 标准，JPEG 是联合图像专家组（Joint Photographic Experts Group）的英文缩写，是由国际标准化组织（ISO）和国际电报电话咨询委员会（CCITT）联合组成的一个图像专家小组，于 1986 年成立。该小组 1991 年提出连续色调、多级灰度、静止图像的数字图像压缩编码方法，称为 JPEG 算法，1992 年被确定为 JPEG 国际标准。

JPEG 的目的是给出一个适合于连续色调图像的压缩方法，使之满足以下要求：能覆盖较宽的图像质量范围；与原始图像相比，人眼难以区分；能适合任何种类的连续色调图像，图像大小不受限制；计算复杂度可以控制。

随着多媒体应用领域的激增，传统 JPEG 压缩技术已无法满足人们对多媒体图像资料的要求。因此，JPEG 组织提出了具有更高压缩比和更多新功能的新一代静态图像压缩标准，正式名称为 ISO15444，常称为 JPEG2000。它的目标是建立一个能够适用于不同类型（二值图像、灰度图像、彩色图像和多分量图像等）、不同性质（自然图像、科学图像、医学图像、遥感图像、文本和绘制图像等）及不同成像模型（客户机/服务器、实时传送、图像图书检索、有限缓存和带宽资源等）的统一图像编码系统。与 JPEG 相比，在图像质量相当的情况下，JPEG2000 的压缩率比 JPEG 高 20%～40%，而且压缩后的图像更加细腻平滑。

运动图像压缩标准的制定极大地促进了运动图像压缩编码技术和多媒体通信技术的发展。由国际电信联盟（ITU）组织制定的标准主要是针对实时视频通信的应用，如可视电话和会议电视，它们以 H.26X 命名，如 H.261、H.263、H.264。由国际标准化组织（ISO）和国际电工委员会（IEC）两个国际标准组织共同组建动态图像专家组（MPEG，Moving Picture Experts Group），针对视频数据的存储、电视及视频流的传输等制定了一系列标准，以 MPEG-X 命名，如 MPEG-1、MPEG-2、MPEG-4、MPEG-7 等。

H.261 与 H.263 标准主要是面向低码率的视频通信，如可视电话和会议电视。H.261 是最早出现的视频编码标准，它的输出码率是 64kbit/s 的倍数。H.261 输出速率恒定，但图像质量不恒定。H.263 是为了支持低速率的通信而制定的标准，但不限于低码率，能适应较大的动态范围。H.263 具有容错能力，适用于误码率高的信道。H.264 与 H.263 相比在编码效率上有明显的优越性，但其算法复杂度提高了 4 倍以上。

MPEG-1 标准主要是为了视频存储媒体如 VCD 而制定的，其在 1～1.5Mbit/s 的速率下，能提供 30 帧通用中间格式（CIF，Common Intermediate Format）（352×288 像素）视频家用系统（VHS，Video Home System）质量的图像。MPEG-2 标准扩展了 MPEG-1 标准，能够支持高分辨率图像和声音。目标码率是在 3～15Mbit/s 传输速率下提供广播级的图像，而且能够提供信噪比、事件、空间三种分级编码。该标准被应用于卫星数字视频广播（DVB-S）标准。MPEG-4 标准既能够支持码率低于 64kbit/s 的视频应用，也能支持广播级的视频应用。MPEG-4 标准在离散余弦变换（DCT）的基础上引入了图像模型的概念，从而具有更高的压缩效率。

表 4-3 对常用视频编码标准输出的码率范围进行了归纳。其中 H.261 的输出码率是 64kbit/s 的整数倍，用 $P×64kbit/s$ 表示，P 的取值范围是 1～32 之间的整数。

表 4-3 常用视频编码标准输出码率范围

视频编码标准	H.261	H.263	H.264	MPEG-1	MPEG-2	MPEG-4
输出码率	$P×64kbit/s$	<64kbit/s	32kbit/s～9Mbit/s	1～1.5Mbit/s	3～15Mbit/s	32kbit/s～9Mbit/s

4.3 差错控制编码技术

4.3.1 差错控制编码的概念

信号在传输过程中由于受到干扰、噪声等因素的影响，接收波形与发送波形相比出现失真，导致接收端判决错误，引发误码。为了保证信息传输的可靠性，需要采取差错控制措施。

常用的差错控制方式主要包括以下三种：自动重传请求（ARQ）、前向纠错（FEC）和混合纠错（HEC）。

差错控制编码是以上差错控制方式均需使用的一项关键技术。差错控制编码的基本原理是通过在发送端对信息增加监督码元，使监督码元和发送信息之间存在一定的约束关系，接收端利用这种约束关系实现检错或者纠错。显然，信道编码的检错和纠错能力是以增加所传信息的冗余来换取的，因此，可以说信道编码以传输有效性的降低换取了传输可靠性的提高。

信道编码的方式有多种，本章将讨论两大类：线性分组码与卷积码。

所谓线性分组码，就是将信息码序列分成长度为 k 的信息块，将每个信息块映射成长度为 n 的码块，映射关系满足线性映射。假设长度为 k 的信息块用行向量 u 表示，长度为 n 的码块用行向量 c 表示，则 c 和 u 的关系可以通过一个线性方程表示，$c=uG$，其中 G 为生成矩阵，维度为 $k×n$。我们称这样一类码字为（n，k）线性分组码。线性分组码中最常见的一类是码向量的 c 的前 k 个码元为信息码元，后 $n-k$ 个码元为监督码元（也称校验码元）。每个码组的构成如下：

$$c = \{\underbrace{c_{n-1}, c_{n-2}, \cdots, c_{n-k}}_{k\text{ 位信息位}}, \underbrace{c_{n-k-1}, \cdots, c_1, c_0}_{p\text{ 位监督位}}\} \tag{4-2}$$

其中任意一个监督码元都是该码组中 k 个信息码元的线性组合。

卷积码具有记忆性，在任意给定时间单元内，编码器的输出不仅取决于该时刻的输入，也依赖于以前一定数量的输入。

下面以线性分组码为例，介绍差错控制编码的几个基本概念。

（1）码率

码率也称编码效率。一个（n，k）分组码的码率定义为 k/n，当码组长度 n 确定后，信息位越多，编码效率就越高。通常，编码效率很高的码，其纠、检错能力就比较差。例如，行奇偶监督码的每个码字只有一位监督位，因此其码率为（$n-1$）$/n$，但它只能检错，不能纠错。当码长和纠、检错能力的要求给定时，码率将与码的结构有关。此时具有高的编码效率的码称为好码。

（2）码距

通常，分组码任意两个码字之间的距离用汉明距离衡量。定义分组码中任意两个码字之间的汉明距离为这两个码字中对应位不同的数目。例如，（7，3）分组码中两个码字（0100111）和（1001110）的码距为 4，因为它们的第 1、2、4、7 位不同。

（3）最小码距

一个分组码的所有码距中的最小值就是该分组码的最小码距，用 d_{min} 表示。该分组码的纠、检错能力取决于 d_{min}。

（4）监督矩阵

监督矩阵也称校验矩阵，用 H 表示。它可以监督或校验码字的传输是否有错。一个分组码的监督矩阵与该码的任意一个码字 c 都满足

$$H \cdot c^{T} = 0 \tag{4-3}$$

或

$$c \cdot H^{T} = 0 \tag{4-4}$$

信道编码的纠检错能力与编码序列之间的最小码距有关。

要检测一个码组内的 c 个误码，要求最小码距

$$d_{min} \geq e+1 \tag{4-5}$$

要纠正一个码组内的 t 个误码，要求最小码距

$$d_{\min} \geqslant 2t+1 \tag{4-6}$$

要纠正一个码组内的 t 个误码，同时检测 $e(e \geqslant t)$ 个误码，要求最小码距

$$d_{\min} \geqslant t+e+1 \tag{4-7}$$

误码率是衡量通信可靠性的指标。误码率分为误块率（BLER，Block Error Rate）和误比特率（BER，Bit Error Rate）。误块率是指译码器输出的分组错误概率；误比特率是指译码器输出的信息比特错误概率。纠错编码的目的就是要使信息传输的错误概率低于一定的门限值，以满足系统传输业务的需求。

编码增益是衡量纠错码性能的重要指标。在纠错编码中，信噪比通常使用的指标为 E_b/n_0，其中 E_b 为每信息比特的能量，n_0 为噪声功率谱密度。假设码率为 R，编码后每个编码符号的能量 $E_s = RE_b$。编码增益的定义如下：

$$\text{编码增益} = 10 \times \log_{10} \left(\frac{\text{未编码时达到一定误码率性能所需的} E_b/n_0}{\text{编码后达到一定误码率性能所需的} E_b/n_0} \right) \tag{4-8}$$

式中，E_b/n_0 为真值，编码增益的单位为 dB。若 E_b/n_0 的值用 dB 表示成 $[E_b/n_0]_{dB}$，则编码增益的计算如下式所示：

$$\text{编码增益} = (\text{未编码时所需的} [E_b/n_0]_{dB} - \text{编码后所需的} [E_b/n_0]_{dB})_{\text{达到一定误码率性能}}$$

例 4-1　某通信系统的误码率性能要求 BER $\leqslant 10^{-5}$，未编码时所需的 $[E_b/n_0]_{dB}$ 为 9.6dB，若采用码率为 1/2、码长为 1200 的二进制低密度奇偶校验码（Low Density Parity Check Code，简称为 LDPC 码），所需要的 $[E_b/n_0]_{dB}$ 为 2.2dB，请问该 LDPC 码的编码增益是多少？

解：编码增益 $=(9.6-2.2)\,\text{dB} = 7.4\,\text{dB}$

卫星通信中最常采用的差错控制编码包括 BCH 码、RS 码、卷积码、Turbo 码、LDPC 码等。下面分别简要介绍这几类码字。

4.3.2　BCH 码和 RS 码

BCH 码和 RS 码均是线性分组码，且均属于循环码。

循环码是线性分组码的一个重要子类，下面简单介绍循环码的基本概念。如果对一个 n 维向量 $\boldsymbol{v} = \{v_0, v_1, \cdots, v_{n-1}\}$ 的分量向右循环移位 1 位，将得到另一个 n 维向量为

$$\boldsymbol{v}^{(1)} = \{v_{n-1}, v_0, \cdots, v_{n-2}\} \tag{4-9}$$

称上述操作为 v 的一次循环移位。如果对 v 做 i 次循环移位，则得到的 n 维向量为

$$\boldsymbol{v}^{(i)} = \{v_{n-i}, v_{n-i+1}, \cdots, v_{n-1}, v_0, \cdots, v_{n-i-1}\} \tag{4-10}$$

循环码的定义：一个 (n, k) 线性码 C，若每个码字的循环移位仍是 C 的码字，则称其为循环码。

BCH 码是博斯（Bose）、查德胡里（Chaudhuri）和霍昆格姆（Hocquenghem）发明的一类纠正随机错误能力很强的循环码。这类码字可以用于纠正多个随机错误。Hocquenghem 在 1959 年，Bose 和 Chaudhuri 在 1960 年，分别独立发现了二进制 BCH 码。彼德森（Peterson）在 1960 年证明了这些码字的循环结构。

对于任意正整数 $m(m \geqslant 3)$ 和 $t(t \leqslant 2^{m-1})$，存在具有如下参数的二进制 BCH 码。

分组长度：　　　　　　　　　　　　　　$n = 2^m - 1$

奇偶校验位数目：　　　　　　　　　　　$n - k \leqslant mt$

最小距离：
$$d_{\min} \geqslant 2t+1$$

对于以上参数描述的长度为 $n=2^m-1$ 的 BCH 码，能够纠正 t 个或者少于 t 个差错的任意组合，我们称该码字为纠 t 个错误的 BCH 码。

里德（Reed）和所罗门（Solomon）在 1960 年发现了里德-所罗门（Reed-Solomon）码，简称 RS 码。RS 码是非二进制 BCH 码的最重要、最常用的一个子类，其在纠正随机错误和突发错误方面非常有效。以 RS 码作为外码、简单二进制码作为内码的级联方式，能够提供很高的传输可靠性。卫星通信中常用的是 RS 码+卷积码的级联方式，RS 码为外码，卷积码为内码，卷积码在后面会介绍。GF(q) 为 q 进制的伽罗华域，符号取自 GF(q)、纠 t 个错误的 RS 码具有如下参数。

分组长度：
$$n=q-1$$

奇偶校验符号数：
$$n-k=2t$$

维数：
$$k=q-1-2t$$

最小距离：
$$d_{\min}=2t+1$$

RS 码具有两条重要的性质：码的长度比码字母表的大小少 1；最小距离比奇偶校验符号数多 1。

4.3.3 卷积码

1955 年，埃里斯（Elias）提出卷积码的概念。它是完全不同于线性分组码的一类码，不同之处在于：编码器具有记忆，在任意给定时间单元内，编码器的输出不仅取决于该时刻的输入，也依赖于以前一定数量的输入。卷积码及序列译码、门限译码提出后，其在电话、卫星和无线信道的数字传输中得到了大量实际应用。1967 年，维特比提出了最大似然译码算法，它易于实现软判决译码，且具有很好的译码性能。维特比译码的提出，使得卷积码在20 世纪 70 年代就用于深空和卫星通信系统中。

卷积码编码产生的 n 个编码码元，不仅仅是当前输入的 k 个信息码元的函数，而且还和前面 $N-1$ 组 k 个输入信息码元有关，其中 N 称为约束长度（constraint length）。卷积码常记为 (n, k, N)，各参数含义如下：k 为信息长度，表示每个时刻输入到编码器的信息码元个数；n 为编码码长，表示每个时刻编码器输出的码元个数；N（$N \geqslant 2$）为约束长度，表示编码器输出的 n 个码元不仅与当前输入的 k 个信息码元有关，而且与前面的 $N-1$ 组的 k 个信息码元有关。卷积码的码率为 $R=k/n$。卷积码通常采用二进制码元（比特）作为编码的输入和输出，参数 n 和 k 通常很小，因此延时较小。基本生成原理如图 4-3所示。

下面举一个卫星通信中常用的码率为 1/2 的卷积码的例子，编码参数为 $(2, 1, 7)$，$k=$1，每次输入一个信息比特，$n=2$，每次输出两个编码码元，$N=7$，当前输出的两个编码码元不仅与当前输入的一个信息比特有关，还与前面输入的 6 个信息比特有关。编码器框图如图 4-4 所示。

假设输入的信息序列 $u=(u_0, u_1, u_2, \cdots)$ 每次有一个比特进入编码器。由于编码器是线性系统，两个编码器输出序列 $v^{(0)}=(v_0^{(0)}, v_1^{(0)}, \cdots)$ 和 $v^{(1)}=(v_0^{(1)}, v_1^{(1)}, \cdots)$ 可以通过输入序列 u 与两个编码器冲激响应的卷积而得到。冲激响应可以通过令 $u=(1, 0, 0, \cdots)$ 并观察两个输出序列而得到。当 $k=1$ 时，对约束长度为 N 的编码器，冲激响应最多可以持续

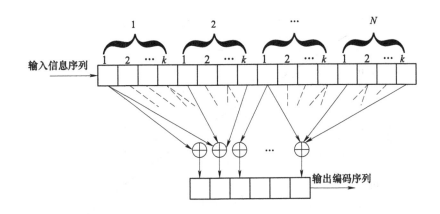

图 4-3　卷积码生成示意图

N 个时间单元，因而冲激响应可以用两个序列表示，分别写成 $g^{(0)} = (g_0^{(0)}, g_1^{(0)}, \cdots, g_{N-1}^{(0)})$ 和 $g^{(1)} = (g_0^{(1)}, g_1^{(1)}, \cdots, g_{N-1}^{(1)})$。对图 4-4 所示的编码器，$g^{(0)} = (1, 1, 1, 1, 0, 0, 1)$ $g^{(1)} = (1, 0, 1, 1, 0, 1, 1)$ 冲激响应称为编码器的生成序列。

编码方程可以写成

$$v^{(0)} = u \circledast g^{(0)} \tag{4-11}$$

$$v^{(1)} = u \circledast g^{(1)} \tag{4-12}$$

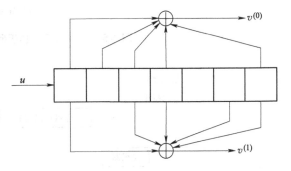

图 4-4　（2，1，7）卷积码编码器框图

其中，$\circledast$ 表示离散卷积，所有的运算都是模 2 和。

卷积码的编码运算可以看作是离散卷积运算，这就是卷积码名字的由来。

该卷积码采用维特比译码算法，纠错性能如图 4-5 所示，以误比特率 BER = 10^{-5} 为性能要求，无编码时要求的 E_b/n_0 为 9.6dB，（2，1，7）卷积码需要的 E_b/n_0 约为 4.4dB，编码增益为 5.2dB。

4.3.4　Turbo 码

1993 年，在 IEEE 国际通信会议上，C. Berrou 等人在发表的论文中提出 Turbo 码的概念，其纠错性能逼近香农极限，当时引起许多研究团体的质疑，1994 年年底该研究结果被多个研究团体证实。Turbo 码的优异性能主要源于两个方面：一是 Turbo 码具有类随机码的特性，与香农最初提出的无错误传输时设想的码具有随机特性相一致；二是采用软信息译码和迭代译码的思想，能够逼近最大似然译码的性能。下面介绍 Turbo 码的编译码方法。

C. Berrou 等最初提出的 Turbo 码是由分量码并行级联生成的。在其基础上，一些研究学者也提出了改进形式，如串行级联、串并混合级联等，在此只讨论并行级联的 Turbo 码，其编码原理示意图如图 4-6 所示。

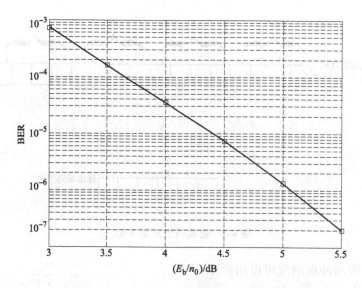

图 4-5 (2, 1, 7) 卷积码维特比译码性能

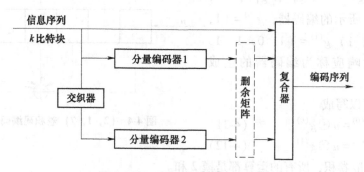

图 4-6 Turbo 码编码原理示意图

编码采用系统码形式，信息序列 u 包含在码字之中，令 $v_0 = [v_0, v_1, \cdots, v_{k-1}] = u$。信息序列 u 送入分量编码器 1，产生编码序列 v_1，信息序列 u 经过交织器将顺序扰乱后送入分量编码器 2，产生编码序列 v_2。两个编码器输出的编码序列经过删余矩阵对部分校验位进行删除，以产生所需码率的码字，最后 v_0 以及删余处理后的 v_1 和 v_2 一起构成 Turbo 编码序列。

交织器对码字性能的影响十分关键，如果采用传统的行列交织，码字的纠错性能较差；若对信息进行伪随机打乱处理，能够获得较好的性能。

Turbo 译码基于迭代译码的思想，译码器由两个分量译码器通过交织器和解交织器连接而成，基本结构如图 4-7 所示。分量译码器与分量编码器相对应，对相应的分量码采用软输入软输出（SISO，Soft Input Soft Output）译码，因此分量译码器也称为 SISO 译码器。SISO 译码器输入包含三个信息：信道输出的信息序列对应的软信息 L_{ci}、信道输出的校验序列对应的软信息 L_{cp}、另一个分量译码器输出的外信息 L_e。分量译码器输出信息比特对应似然信息和外信息，其中似然信息供译码判决使用，外信息作为信息序列的先验信息输入到另一个分量译码器。Turbo 译码器的迭代过程如下：第一个分量译码器对输入的信道信息以及另一个分量译码器输出的外信息进行译码，输出的外信息经过交织后，作为第二个分量译码器的先验信息。第二个分量译码器对输入的信道信息以及第一个分量译码器输出的外信息进行处理，输出的外信息经过解交织后可以作为第一个分量译码器的先验信息。以上过程完成一次迭代处理。随着迭代译码的进行，关于信息序列的外信息在两个分量译码器之间反馈交互，类似于涡轮增压（Turbo）发动机通过废气的反馈获得更大的动力。Turbo 码名字的由来主要是因为其迭代译码的思想与涡轮增压发动机的工作原理相近。

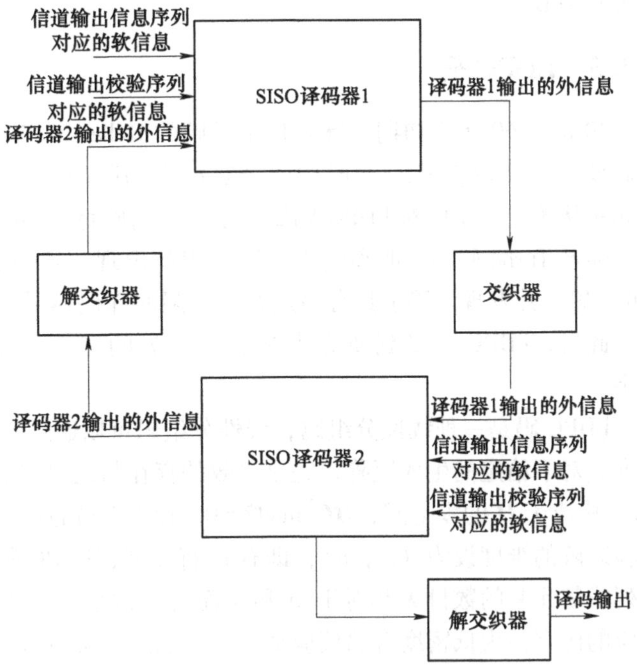

随着迭代次数的增加，外信息提供的有用信息量越来越少，到一定阶段后，迭代无法获得性能的进一步提升。对于大部分的 Turbo 码而言，迭代次数的典型值在 5~20 之间。当达到最大迭代次数或者满足其他迭代停止条件后，对分量译码器输出的信息比特的对数似然信息进行判决，将判决结果输出译码器。

下面举一个卫星通信中使用的 Turbo 码的例子。在国际空间数据系统咨询委员会（CCSDS，Consultative Committee for Space Data Systems）发布的关于近地和深空通信的标准中，采用了 1/3 码率和 1/6 码率的 Turbo 码，信息长度为 8160bit。图 4-8 给出了码率为 1/3 和 1/6 的 Turbo 码的纠错性能，迭代次数为 10 次。从图中可以看出，1/6 码率的纠错性能优于 1/3 码率。以误比特率 BER = 10^{-5} 为性能要求，无编码时要求的 E_b/n_0 为 9.6dB，上述 1/3 码率的 Turbo 码需要的 E_b/n_0 约为 1dB，编码增益为 8.6dB；1/6 码率的 Turbo 码需要的 E_b/n_0 约为 0.5dB，编码增

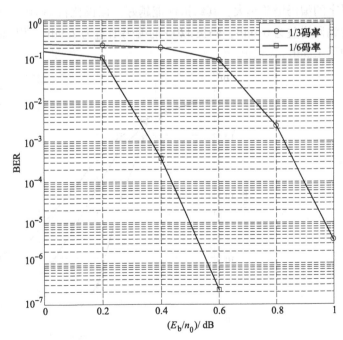

图 4-7　Turbo 译码原理示意图

图 4-8　不同码率的 Turbo 码纠错性能对比

益为 9.1dB。

4.3.5 LDPC 码

20 世纪 60 年代初期，麻省理工学院的 Robert Gallager 博士在其博士论文中提出低密度奇偶校验（LDPC）码。当时由于计算能力的限制，该码字被人们忽视近 20 年。1981 年，Tanner 从图论的角度对 LDPC 码做出了全新的阐释，Tanner 的工作又被编码理论家忽视了 14 年。随着 Turbo 码的发明和迭代译码思想的出现，1996 年，MacKay、Neal 等人重新发现了 LDPC 码，并发现该码字具有逼近香农极限的译码纠错性能，使其成为 Turbo 码的有力竞争者。此后，LDPC 码受到研究人员和工业界的广泛关注，成为纠错编码领域的一类重要码字。

LDPC 码是一种线性分组码，线性分组码可以通过一个生成矩阵将信息序列映射成码字序列。对于给定的生成矩阵，完全等效的存在与之对应的奇偶校验矩阵 H，所有的码字序列 $\{C\}$ 构成了 H 的零空间，$HC^T \bmod 2 = 0$。LDPC 码的特点完全取决于它的奇偶校验矩阵 H。校验矩阵的维度设为 (m, n)，即有 m 行 n 列，LDPC 码校验矩阵每行非零元素的数目 ρ 和每列非零元素的数目 λ 相对于 m 和 n 而言非常小。校验矩阵是一个非常稀疏的矩阵，所以对应的码字称为低密度奇偶校验码。举例说明，基于卫星的数字视频广播标准 DVB-S2 中，码长为 64800、码率为 1/2 的 LDPC 码，其校验矩阵的维度为（32400，64800），校验矩阵中每一行的非 0 元素大约为 6~7 个。相对于每行共 64800 个元素而言，非 0 元素占比非常小，对应的校验矩阵是名副其实的稀疏矩阵。

LDPC 码的误码性能与码长、码率和译码算法均有关系。以 1/2 码率的 LDPC 码为例，图 4-9 给出了码长为 512、1024、3200 的误比特率性能。从图中可以看出，码长越长，对应码字的编码增益越大，其纠错性能越好。以误比特率 10^{-5} 为衡量标准，码长 512 的 LDPC 码的编码增益为 6.6dB，码长 3200 的编码增益为 7.9dB，相同码率，后者比前者的编码增益增加了 1.3dB。

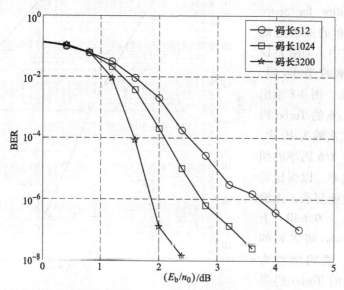

图 4-9 不同码率 LDPC 码的误比特率性能

第二代卫星数字视频广播标准 DVB-S2 中使用了 BCH+LDPC 级联码，其中外码为 BCH 码，能纠 12 个错误，内码为 LDPC 码，码长为 64800，码率包括 1/3、1/2、2/3、3/4、4/5 等，表 4-4 列出了几种典型码率的 LDPC 码与 BCH 级联后的性能。仿真信道为 AWGN 信道，译码算法采用和积算法，最大迭代次数设为 50，误码性能考察的标准为 188B 的传输包的误包率为 10^{-7}。

表 4-4　不同码率 LDPC 纠错性能对比

LDPC 码码率	BCH 未编码码组长度	BCH 码组长度（LDPC 未编码码组长度）	$(E_b/n_0)/\mathrm{dB}$
1/3	21408	21600	0.59
1/2	32208	32400	1.05
2/3	43040	43200	1.88
3/4	48408	48600	2.30
4/5	51648	51840	2.67

从表 4-4 列出的结果可以看出，对于同一码长的 LDPC 码，码率越高，为了达到相同的误比特率性能标准，需要的 E_b/n_0 越大。

4.4　数字调制技术

数字通信中，发送的数据通常是二进制数据流，即由 0 和 1 组成的数字序列。这些二进制数据可能是数字信源产生的，也可能是模拟信源经过模/数转换产生的。为了提高传输的可靠性，将数字序列进行差错控制编码，编码后的数据仍是二进制序列。二进制序列需要通过合适的波形表示，传送到接收端。将数字序列映射成信号波形在通信信道上传输的过程称为数字调制。

对于卫星通信系统，表示二进制序列的信号波形需要与卫星通信信道的特性相匹配。卫星通信中，星地之间传输的电波要穿越电离层，因此需要用正弦波将二进制序列调制到较高的频率。常见的正弦波调制包括幅移键控（ASK）、频移键控（FSK）、相移键控（PSK）以及幅相联合键控（APSK）等。由于转发器的非线性，卫星通信通常采用恒包络调制。在恒包络调制中，由于相移键控（PSK）比频移键控（FSK）具有更高的频谱效率，因此最常用的是相移键控（PSK）。

卫星通信系统的数字调制通常分为两步：符号映射和正弦波调制，如图 4-10 所示。

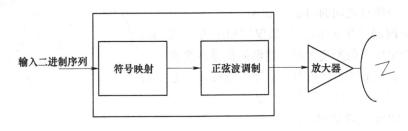

图 4-10　数字调制框图

符号映射单元将连续的 m 个比特映射成 1 个符号。对于二进制调制，符号映射单元将 1 个比特映射成 1 个符号。对于四进制调制，符号映射单元将 2 个比特映射成 1 个符号。依此类推，对于 M 进制调制，符号映射单元将 m 个比特映射为 1 个符号，M 与 m 的关系为 $M=2^m$。假设进入调制器的二进制码元速率为 R_c，调制器输出的符号速率为 R_s，则 R_c 和 R_s 满足如下关系：

$$R_s = \frac{R_c}{m} = \frac{R_c}{\log_2 M} \tag{4-13}$$

每个符号包含 m 个比特，对应 $M=2^m$ 阶调制方式。当调制阶数越高，一个符号内包含的比特数越多，相应的频谱效率越高，即相同带宽传输的信息比特越多。但是，调制阶数越高，为了在解调器输出端具有相同的误比特率，每个符号需要的能量就越大。

符号映射单元将 m 个比特映射成 1 个符号，映射后的符号通常用复数 $I+jQ$ 表示，可以对应于复数平面内的图形，称为星座图，符号对应于复平面上的星座点。调制方式和调制阶数不同，映射关系也不一样。

对于 BPSK 调制，1 个比特映射成 1 个符号，映射关系如图 4-11 所示。映射后，"0" 对应于 1，"1" 对应于 −1。

对于 QPSK 调制，2 个比特映射成 1 个符号，映射关系如图 4-12 所示。"00" 对应于 $\frac{\sqrt{2}}{2}$ $(1+j)$，"10" 对应于 $\frac{\sqrt{2}}{2}(-1+j)$，"11" 对应于 $\frac{\sqrt{2}}{2}(-1-j)$，"01" 对应于 $\frac{\sqrt{2}}{2}(1-j)$，所有的星座点位于同一个圆上，圆的半径为 1，相邻两个星座点之间间隔 $\pi/2$。

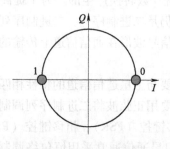

图 4-11　BPSK 星座图

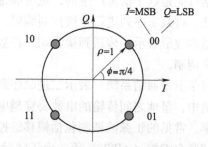

图 4-12　QPSK 调制星座图

对于 8PSK 调制，3 个比特映射成 1 个符号，映射关系如图 4-13 所示。所有的星座点位于同一个单位圆上，相邻星座点之间的间隔为 $\pi/4$。

对于高阶调制（$M \geq 16$），如果仅用相位进行调制，相邻两个星座点的距离太近，波形的抗噪声性能较差。通过对幅度和相位进行联合调制，能够获得更好的性能。卫星通信中常用圆形幅相联合键控，即 APSK，如 16APSK、32APSK 等。

16APSK 调制，其星座图上有两个圆，内圆包

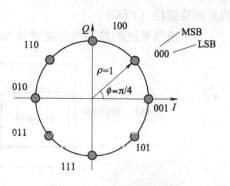

图 4-13　8PSK 调制星座图

含等间隔分布的 4 个星座点，外圆包含等间隔分布的 12 个星座点，内圆和外圆的半径比值根据采用差错控制编码方式适当变化，以获得最优的性能。星座图如图 4-14 所示。

32APSK 调制，其星座图包含 3 个同心圆，内圆包含等间隔分布的 4 个星座点，中间圆上包含等间隔分布的 12 个星座点，外圆包含等间隔分布的 16 个星座点。各圆的半径比值关系与采用的差错控制编码有关。星座图如图 4-15 所示。

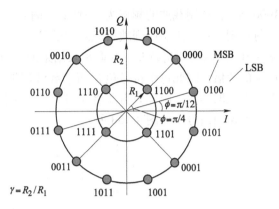

图 4-14　16APSK 调制星座图

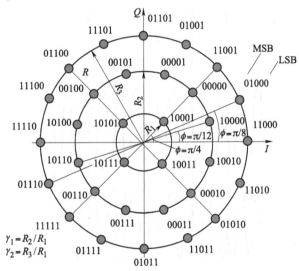

图 4-15　32APSK 调制星座图

星座图对发送和接收都具有重要意义。接收端解调时，首先通过恢复出符号在星座图上的星座点，然后再逆映射成二进制序列。我们也可以将接收的卫星信号经过低噪声放大器放大后，接入到具有矢量信号分析功能的频谱仪，对其进行矢量信号分析，查看信号的星座图，分析接收信号的质量。

当二进制序列完成星座映射后，再进行正弦波调制，即将映射后的星座点乘以正弦波，得到调制后的信号波形。设星座映射后的符号为 $S_B(t) = I(t) + jQ(t)$，调制载波的频率为 ω，则载波调制的运算如下式所示。

$$
\begin{aligned}
S(t) &= \mathrm{R}_e\left[S_B(t)(\cos\omega t + \mathrm{j}\sin\omega t)\right] \\
&= \mathrm{R}_e\left[(I(t) + \mathrm{j}Q(t))(\cos\omega t + \mathrm{j}\sin\omega t)\right] \\
&= I(t)\cos\omega t - Q(t)\sin\omega t
\end{aligned}
\tag{4-14}
$$

调制后的信号 $S(t)$ 经过功放放大后，通过天线发射出去。

下面以 BPSK 为例，通过图示的方法阐述其符号映射和正弦波调制的过程以及对应的波形。假设要发送的二进制序列为 010110，其对应的单极性基带波形如图 4-16a 所示，速率为

1000Baud，调制载波的频率为 2000Hz。调制的过程如下：①首先根据 BPSK 调制星座图的映射规则，将二进制序列映射成对应的基带波形，如图 4-16b 所示。②将映射后的波形乘以图 4-16c 所示的调制载波，并取相乘结果的实数部分。在该例子中，调制载波的频率是符号速率的两倍，因此每个符号包含两个载波周期。由于星座映射后的波形 $S_B(t)$ 是实数，相乘结果也取实数，因此只需要将映射后的基带信号与载波的 cos 分量直接相乘，即可以得到最后的调制信号，如图 4-16d 所示。

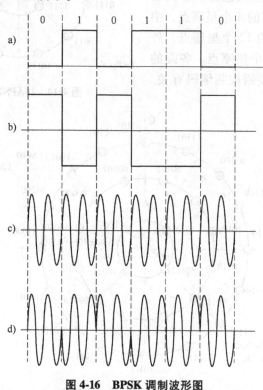

图 4-16　BPSK 调制波形图

4.5　同步技术

4.5.1　同步的概念

通信系统中为了保证正确可靠的通信，实现收发两端步调一致的工作方式称为同步。在通信系统中，特别是在数字通信系统中，同步是一个非常重要的环节，根据同步的作用一般可以分为以下几种。

载波同步：载波同步是指在相干解调时，接收端的解调器产生一个与接收到的调制载波同频同相的相干载波。

符号同步：符号同步是指接收端产生的一个与接收信号符号速率相同，相位与最佳判决时刻一致的定时脉冲序列信号。在数字通信中，无论是基带传输还是带通传输，必须提供一个频率和发送端码元速率一致，相位对准匹配滤波器输出最大值时刻的同步时钟。

帧同步：数字通信中，信源编码产生的数据通常会分段封装成包，在进行封装打包的过程中，往往会加上相应的帧头或者帧尾等字段，将分段封装后的数据包称为帧。就好比数据流是由若干个码元组成一个"字"，又用若干字组成一"句"。接收端在接收数据流时，需要知道这些"字"和"句"的起止时刻。在接收端产生与每一帧起止时刻一致的定时脉冲的过程统称为帧同步或群同步。

网同步：为了保证在通信网中各点之间可靠通信，则必须在网内建立一个统一的时间标准，称为网同步。当通信是点对点进行时，完成了载波同步、符号同步和帧同步后，就能进行可靠通信了。但现代通信系统往往在多点之间实现互连，从而构成通信网，因此通常需要网同步。

本节主要介绍点对点通信常用的载波同步、符号同步和帧同步。

4.5.2　载波同步

载波同步的作用就是获得同频同相的相干载波，即在接收设备中产生一个和接收信号的载波同频同相的本地载波，供给解调器相干解调使用。

为什么需要载波同步呢？前文在介绍调制的时候，分为两步：一是符号映射，二是正弦波调制。解调的过程则是先将带通信号下变频至基带，恢复出星座图上的符号点，然后再通过逆映射得到二进制序列。在下变频的过程当中，需要进行载波同步。以 BPSK 为例，假设接收的信号 $r(t) = m(t)\cos(\omega_r t + \theta_r)$，其中 $m(t)$ 是 BPSK 映射后的双极性波形信号，本地产生的用于解调的本地载波为

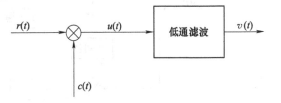

图 4-17　相干解调示意图

$c(t) = \cos(\omega_c t + \theta_c)$，解调下变频的目标是恢复出 $m(t)$。解调流程如图 4-17 所示。

将本地载波和接收信号相乘，如下式所示。

$$\begin{aligned} u(t) &= r(t)c(t) \\ &= m(t)\cos(\omega_r t + \theta_r)\cos(\omega_c t + \theta_c) \\ &= \frac{m(t)}{2}\{\cos[(\omega_r + \omega_c)t + \theta_r + \theta_c] + \cos[(\omega_r - \omega_c)t + \theta_r - \theta_c]\} \end{aligned} \tag{4-15}$$

由于本地载波频率 ω_c 和 ω_r 接近，经过低通滤波后，得到的信号 $v(t)$ 如下式所示。

$$v(t) = \frac{m(t)}{2}\cos[(\omega_r - \omega_c)t + \theta_r - \theta_c] \tag{4-16}$$

解调的目的是恢复出 $m(t)$ 的波形，如果能够使本地载波的频率 ω_c 与接收信号的频率 ω_r 相同，本地载波的初相 θ_c 与接收信号载波的初相 θ_r 相同，低通滤波器的输出即为 $m(t)/2$，其形状与 $m(t)$ 相同，幅度为 $m(t)$ 的一半，就能够恢复出 $m(t)$ 的波形。如果本地载波与接收信号的频率和相位不同，$v(t)$ 的包络会随着 $(\omega_r - \omega_c)t + \theta_r - \theta_c$ 变化，当 $(\omega_r - \omega_c)t + \theta_r - \theta_c$ 为 $\pi/2$ 时，$v(t)$ 的值为 0。解调恢复的波形就会存在失真。因此，载波同步就是要恢复出与接收信号载波同频同相的相干载波，对于相干解调十分重要。

载波同步实现方法分为插入导频法和直接法。

插入导频法：发送端在已调信号的频谱中额外插入一个低功率的线谱（在发送有用信号的同时，在适当的频率位置上，插入一个（或多个）称为导频的正弦波），以便接收端用

窄带滤波器或锁相环提取出来作为相干载波，也叫外同步法。

插入导频法主要应用于发送信号中没有载波信号或者难以提取载波信号的场景。

要想使插入的载波容易获取，并对信号产生较小的影响，对插入的导频通常有如下要求：

1）导频要在信号频谱为零的位置插入。

2）导频的频率应当与载波频率有关。

3）插入的导频应与载波正交。

直接法：发送端不专门发送导频，接收端通过估计技术从接收信号中获得数字调制信号的载波频率和相位估计值，直接提取相干载波，也叫自同步法。有些调制信号，如 PSK、APSK 等，它们虽然本身不直接含有载波信息，但经过某种非线性变换（平方变换、平方环、Costas 环）后，可从中提取出载波的频率和相位信息，从而恢复相干载波。

下面以 Costas 环为例，介绍直接法的工作原理。Costas 环的工作原理如图 4-18 所示。

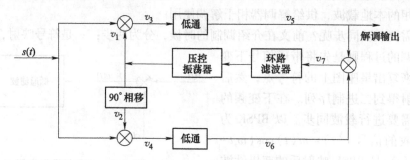

图 4-18　Costas 环的工作原理框图

下面通过数学推导来分析环路的锁定过程，假设接收信号 $s(t) = m(t)\cos(\omega_0 t + \theta_r)$，接收机本地的压控振荡器产生一个频率为 ω_0、初相为 θ_c 的载波，其与接收信号频率相同，存在小的相差。

本地压控振荡器产生的本地载波 v_1 及其移相 $\pi/2$ 后的信号 v_2 如下所示。

$$v_1 = \cos(\omega_0 t + \theta_c) \tag{4-17}$$

$$v_2 = \sin(\omega_0 t + \theta_c) \tag{4-18}$$

将本地载波和接收信号相乘后得到

$$v_3 = m(t)\cos(\omega_0 t + \theta_r)\cos(\omega_0 t + \theta_c)$$
$$= \frac{m(t)}{2}\left[\cos(2\omega_0 t + \theta_r + \theta_c) + \cos(\theta_c - \theta_r)\right] \tag{4-19}$$

$$v_4 = m(t)\cos(\omega_0 t + \theta_r)\sin(\omega_0 t + \theta_c)$$
$$= \frac{m(t)}{2}\left[\sin(2\omega_0 t + \theta_r + \theta_c) + \sin(\theta_c - \theta_r)\right] \tag{4-20}$$

经过低通滤波后得到

$$v_5 = \frac{m(t)}{2}\cos(\theta_c - \theta_r) \tag{4-21}$$

$$v_6 = \frac{m(t)}{2}\sin(\theta_c - \theta_r) \tag{4-22}$$

将 v_5 和 v_6 相乘后，得到

$$v_7 = \frac{1}{8} m^2(t) \sin 2(\theta_c - \theta_r) \tag{4-23}$$

$\theta_c - \theta_r$ 是压控振荡器输出信号与输入已调信号载波之间的相位差，若 $\theta_c - \theta_r$ 很小，则有

$$v_7 \approx \frac{1}{4} m^2(t)(\theta_c - \theta_r) \tag{4-24}$$

鉴相器的输出 v_7 近似与相位差成正比，用 v_7 去调整压控振荡器输出信号的相位，使相位差 $(\theta_c - \theta_r)$ 趋于 0，在稳定状态下 $\theta_c \approx \theta_r$，环路最终能达到锁定状态。压控振荡器输出的即为提取的载波，而稳态时，同相支路输出 v_5 就是解调出的基带波形，此基带波形送到取样判决器，经取样判决输出二进制数字序列。同相正交环（Costas）法同时还具有了解调功能。

插入导频法有单独的导频信号，便于提取同步载波，也可以用于自动增益控制，但需要一部分功率分配给导频信号，与直接法相比，在总功率相同的条件下，信息部分的实际信噪比要小一些。直接法的功率可以全部用于信息传输，且可以防止插入导频法中导频和信号间由于滤波不好而引起的互相干扰，卫星通信中主要是使用直接法来进行载波同步。

4.5.3　符号同步

接收端为了正确采样和判决，必须提供一个频率和相位与发送端码元序列相一致的定时脉冲序列。这就需要一方面接收端的符号同步脉冲频率与发送端的码元速率相同，另一方面接收端在最佳判决时刻对接收码元进行抽样判决。如果抽样判决时刻出现偏差，会导致误比特率性能恶化。

实际应用中，很难做到每个抽样时刻都位于最佳采样时刻。对于好的符号同步算法，抽样时刻的平均值能够位于最佳采样时刻，但每个抽样时刻仍会在理想抽样时刻的附近抖动，抖动幅度与同步算法和信噪比有关。信噪比越低，抖动的幅度越大，误码性能恶化越严重。

符号同步方法也可分为插入导频法和直接法两类，有时也分别称为外同步法和自同步法。

插入导频法与载波同步时的插入导频法类似，也是在发送端信号中插入频率为码元速率或码元速率的倍数的符号同步信号。在接收端利用一个窄带滤波器，将其分离出来，并形成码元定时脉冲。插入导频法的优点是接收端提取符号同步的电路简单；缺点是需要占用一定的频带带宽和发送功率，降低了传输的信噪比，减弱了抗干扰能力。然而，在宽带传输系统中，例如多路电话系统中，传输同步信息占用的频带和功率为各路信号所分担，每路信号的负担不大，所以这种方法还是比较实用的。

当系统的符号同步采用自同步方法时，发送端不再专门发送导频信号，而直接从数字信号中提取符号同步信号，这种方法在卫星通信中经常采用。

采用锁相环来提取符号同步信号的方法称为锁相法符号同步，其是符号同步的常用方法。锁相法符号同步的基本原理和载波同步类似，在接收端利用鉴相器比较接收码元和本地产生的符号同步信号的相位，若两者相位不一致（超前或滞后），鉴相器就产生误差信号去调整符号同步信号的相位，直至获得准确的同步信号为止。

下面简要介绍数字通信中常用的数字锁相法提取符号同步信号的原理。

数字锁相环符号同步原理框图如图 4-19 所示，由高稳定度振荡器、分频器、相位比较

器和控制器所组成。其中，控制器包括扣除门、添加门和或门。高稳定度振荡器产生的信号经整形电路变成周期性脉冲，然后经控制器再送入分频器，输出符号同步脉冲序列。若接收码元的速率为 FBaud（1Baud = 1 符号/s），则要求符号同步脉冲的重复速率为 FHz。这里，晶振的振荡频率设计为 nFHz，由晶振输出经整形得到重复频率为 nFHz 的窄脉冲，经扣除门、添加门、或门，然后 n 次分频后，就可得到重复频率为 FHz 的符号同步信号。

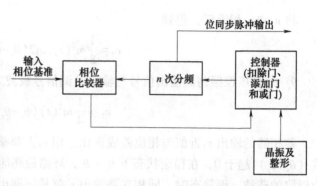

图 4-19　数字锁相环符号同步原理框图

符号同步脉冲的相位调整方法如下：如果接收端晶振输出经 n 次分频后，不能准确地和收到的码元同频同相，就要根据相位比较器输出的误差信号，通过控制器对分频器进行调整。调整的原理是当分频器输出的位同步脉冲超前于接收码元的相位时，相位比较器送出一个超前脉冲，加到扣除门（常开）的禁止端，扣除一个脉冲，这样，分频器输出脉冲的相位就推后 $1/n$ 符号周期；若分频器输出的符号同步脉冲相位滞后于接收码元的相位时，相位比较器送出一滞后脉冲，加于添加门，输出一个脉冲通过或门，插入在正常产生的脉冲之间，使分频器的输入端添加了一个脉冲。于是，分频器的输出相位就提前 $1/n$ 符号周期。经这样的反复调整相位，即实现了符号同步。

4.5.4　帧同步

数字通信中，一般总是以一定数目的码元组成一个个"字"或"句"进行传输，称之为一帧。帧同步信号的频率很容易由符号同步信号经分频得到，但每帧的开头和结尾却无法由分频器决定。帧同步的任务就是给出这个"开头"和"结尾"的时刻。

实现帧同步通常有两类方法：一类方法是在数字信息流中加入一些特殊码组作为每帧的头尾标记，接收端根据这些特殊码组的位置就可以实现帧同步；另一类方法不需要外加的特殊码组，它类似于载波同步和位同步中的直接法，利用数据码组本身之间彼此不同的特性来实现自同步。

插入特殊码组实现帧同步的方法有两种，即连贯式插入法和间隔式插入法。

连贯式插入法就是在每帧的开头集中插入帧同步码组的方法。用作帧同步码组的特殊码组首先应该具有尖锐单峰特性的局部自相关函数。对同步码组的另一个要求是识别器应该尽可能简单。例如，在卫星数字视频广播标准 DVB-S2 中，采用的是集中插入帧头的方法，其由 90 个比特的帧头加上指定长度的码元构成一帧。接收端在帧同步时通过对 90 个比特的帧头进行相关运算，实现帧头的捕获。

在某些情况下，帧同步码组不是集中插入在信息码流中，而是将它分散地插入，即每隔一定数量的信息码元，插入一个帧同步码元。帧同步码码型选择的主要原则是：一方面要使于接收端识别，即要求帧同步码具有特定的规律性，这种码型可以是全"1"码、"1""0"交替码等；另一方面，要使帧同步码的码型尽量和信息码相区别。例如在某些 PCM 多路数字电话系统中，用全"0"码代表"振铃"，用全"1"码代表"不振铃"，这时，为了使帧同步码组与振铃相区别，帧同步码组就不能用全"1"或全"0"。

系统要求帧同步建立时间要短，且建立后应有较强的抗干扰能力，通常用漏同步概率 P_1、假同步概率 P_2 和帧同步建立时间 t_s 等参数来表示。下面分别介绍这几个参数的含义。①漏同步概率：由于干扰的影响，会引起同步码组中的一些码元发生错误，从而使同步识别器漏识别已发出的同步码组，出现这种情况的概率称为漏同步概率。②假同步概率：在消息码元中，也可能出现与所要识别的同步码组相同的码组，这时会被识别器误认为是同步码组而实现假同步。出现这种情况的概率称为假同步概率。③帧同步建立时间：假设漏同步和假同步都不发生，在最不利的情况下，实现帧同步最多需要一帧的时间。假设每帧的符号数为 N，每个符号周期为 T，则一帧的持续时间为 NT。考虑到出现一次漏同步或一次假同步，大致要多花费 NT 的时间才能建立起帧同步，故帧同步的平均建立时间大致为 $t_s = NT(1+P_1+P_2)$。

4.6　扩频技术

卫星通信是一种广域覆盖的无线通信系统，其信号易被干扰和窃听。扩频技术是提升卫星通信抗干扰和抗截获能力的一项技术，在军事卫星通信中有较多应用。扩频是扩展频谱的简称，是指将待传输信息信号的频谱用某个特定的扩频函数（与待传输的信息信号无关）扩展后成为宽频带信号，然后送入信道中传输；在接收端再利用相应的技术或手段将扩展的频谱压缩，恢复为原来待传输信息信号的频谱，从而达到传输信息的目的。对于扩频通信，传输同样信息信号时所需要的射频带宽，远远超过被传输信息信号所必需的最小带宽。扩展频谱后的射频信号带宽是信息信号带宽的几百倍、几千倍甚至几万倍。信息已不再是决定射频信号带宽的重要因素，射频信号的带宽主要由扩频函数来决定。

扩频通信的关键就是发送端如何产生宽带的扩频信号。根据扩频信号产生的方式，可以分为直接序列扩频技术、跳频扩频技术、跳时扩频技术、线性脉冲调频（Chirp）技术以及混合扩频技术等。直接序列扩频技术和跳频扩频技术在卫星通信中使用得最多，本书重点介绍这两种扩频技术。

4.6.1　直接序列扩频技术

直接序列扩展频谱（DSSS，Direct Sequence Spread Spectrum）简称直扩，是用扩频序列直接对要传输的信息做频谱扩展，它是目前应用较广泛的一种扩频通信技术。

（1）直接序列扩频信号的产生和解扩

直接序列扩频就是用高速率的伪随机码序列与信息码序列的逻辑值模二加后（或两者的波形相乘，两者的波形均为双极性矩形波）的复合码序列去调制载波而获得直接序列扩频信号。伪随机码序列与信息码序列模二加（或波形相乘）的过程被称为扩频调制。一般情况下直扩系统均采用抑制载波的恒包络调制方式，用得最多的是 PSK 调制。

直接序列扩频系统发送端的工作原理框图如图 4-20 所示。

下面举一个直接序列扩频解扩的例子，通过几个节点的波形来描述。在发送端，编码器

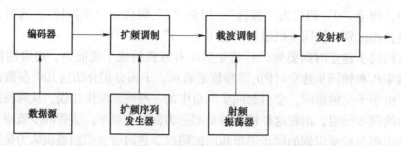

图 4-20 直接序列扩频系统发送端的工作原理框图

输出的是 0、1，即为待传输的信息，波形为双极性矩形波，0 对应正极性波形，1 对应于负极性波形。为了便于图形表示，扩频序列的速率设为信息速率的 4 倍，即一个信息码元的持续时间包含 4 个扩频码元。扩频码是周期序列，周期为 4，每个周期为 0、1、1、0，对应的双极性为+1、−1、−1、+1。载波调制采用 BPSK 调制，同样为了便于在图形上表示，每个扩频码码元对应一个载波周期。因此发送端各节点的波形如图 4-21 所示。

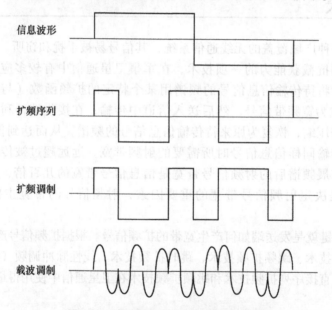

图 4-21 发送端直接序列扩频调制波形

接收端在进行扩频信号的解扩时，通常先进行载波解调，恢复成基带信号，然后进行扩频解调，恢复出信息。直接序列扩频接收端的工作原理框图如图 4-22 所示。

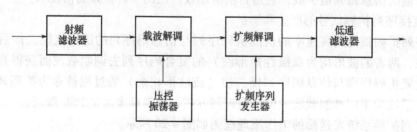

图 4-22 直接序列扩频接收端的工作原理框图

　　继续前面描述的扩频调制的例子，通过波形描述解调解扩的过程。假设接收端收到前面扩频调制和载波调制后的波形，载波解调后，能够消除载波调制的影响，恢复出基带信号，即为+1、-1、-1、+1、-1、+1、+1、-1。然后通过扩频码对基带信号进行解扩，即将双极性的扩频码波形与基带信号波形对齐后进行相乘，即可解调恢复出信息+1、-1，对应的逻辑信息为 0、1。解调解扩过程中的波形变化如图 4-23 所示。

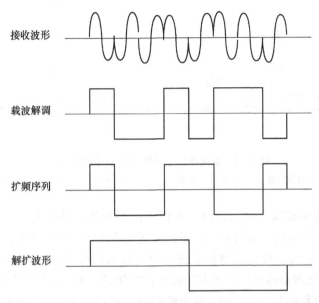

图 4-23　接收端解调解扩波形

　　上面举例所用的参数，仅仅是为了图形表示方便。在实际扩频通信系统中，扩频序列的速率通常是信息序列速率的百倍以上，且卫星通信的载波频率也远高于扩频码速率。

　　（2）直接序列扩频信号的频谱

　　直接序列扩频的频谱是由扩频序列的特性和扩频序列的速率决定的。扩频序列通常使用伪随机序列，其对应的频谱具有类似白噪声的特性。下面通过频谱简图说明直接序列扩频隐蔽和抗干扰的特性。

　　假设原始信息对应的频谱为窄带频谱，如图 4-24a 所示。对信号进行扩频处理后，频谱被扩展，扩展后的频谱如图 4-24b 所示。由于扩频信号的频谱密度低，常常会淹没在噪声里面，使得信号具有一定的隐蔽性。若存在一个干扰信号叠加在扩频信号上，其频谱如图 4-24c 所示，其中阴影部分为叠加在扩频信号上的干扰。接收端对接收的扩频信号进行扩频解调，也就是解扩，采用扩频码的双极性波形与接收的信号进行相乘运算，所做的操作类似于发送端的扩频调制。这一过程是对扩频信号的解扩，也是对干扰信号进行频谱扩展的过程，解扩后的频谱如图 4-24d 所示。从图中可以看出，解扩后，干扰信号的频谱被扩展，有用信号的频谱恢复成原始信号频谱，干扰信号的频谱被扩展后落在有用信号带内的功率大大减小，从而对有用信号干扰的影响也明显减弱。

　　（3）直接序列扩频通信系统的主要性能参数

　　1）码片与码片速率。对每一个信息位进行扩频调制的伪随机码的码元叫码片（chip），也叫切片。因此一个伪随机码元就是一个码片。码片的传输速率叫作码片速率，码片速率等

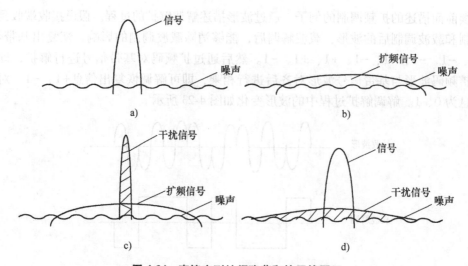

图 4-24 直接序列扩频隐蔽和抗干扰图示

a）原始信号频谱 b）扩频信号频谱 c）干扰+扩频的频谱 d）解扩后的频谱

于信息数据的传输速率乘以一个信息位中所包含的码片数，单位为"码片/秒（chip/s）"。码片速率决定了扩频信号的传输带宽，它是扩频通信系统中一个重要的性能参数。

2）扩频处理增益 G_P。我们把解扩系统输出与输入信噪比之差称为接收机的"处理增益"。换句话说，处理增益的物理意义表明采用扩展频谱技术后，该系统接收信号的信噪比在解扩后与解扩前的数值差异。例如，某个给定的处理器，其输入信噪比为−10dB，相关处理后的输出信噪比为16dB，则处理增益为26dB。

假设系统接收信号解扩前的带宽用 $B_{射频}$ 表示，解扩后的带宽用 $B_{信息}$ 表示。理想情况下，解扩前与解扩后信号的功率谱和带宽发生了变化，但信号的功率保持不变；而噪声的功率和带宽发生了变化，但噪声的功率谱密度保持不变。由此可以推断处理增益等于解扩系统输入的噪声功率与输出的噪声功率之比，进一步地说就是解扩系统输入的信号带宽与输出的信号带宽之比。因此扩频通信系统的处理增益可由下式计算：

$$G_P = \frac{B_{射频}}{B_{信息}} \tag{4-25}$$

扩频系统处理增益的大小，决定了系统抗干扰能力的强弱。目前国外在工程上能实现的DSSS 系统的处理增益约可达 70dB。如果系统的基带滤波器输出信噪比为 10dB，那么，这个系统输入端的信噪比为−60dB。也就是说，信号功率可以在低于干扰功率 60dB 的恶劣条件下正常工作。

3）干扰容限 M_j。从以上讨论中看出，并不是说当干扰信号的功率电平与有用信号的功率电平之比等于系统的处理增益时，解扩后还能实现通信。例如，当系统处理增益为 50dB，而输入到接收机的干扰功率电平为信号电平的 10^5 倍，即系统输入端的信噪比为−50dB 时，系统输出端的信噪比只有 0dB，此时系统就不能正常工作了。因此这里引入一个"干扰容限"的概念，它等于输入端所能容忍的干扰与信号功率比的门限，用来表示扩频系统抗干扰的能力。

干扰容限考虑了一个可用系统输出信噪比的要求，并且考虑了系统内部信噪比损耗，包括射频滤波器的损耗、相关处理器的损耗、放大器的信噪比损耗等。因此干扰容限定义为

$$M_j = G_P - \left[L_{sys} + (S/N)_{out} \right] \tag{4-26}$$

式中，M_j 为干扰容限；G_P 为系统的处理增益；L_{sys} 为系统的执行损耗；$(S/N)_{out}$ 为系统正常通信时解扩器输出端所要求的信噪比。

例如，一个扩频系统的处理增益为 35dB，要求进入基带解调器的最小信噪比 $(S/N)_{out} = 10dB$，系统损耗 $L_{sys} = 3dB$，则其干扰容限为

$$M_j = G_P - \left[L_{sys} + (S/N)_{out} \right] = 35dB - (3+10)dB = 22dB$$

该扩频系统的输入干扰功率电平，最多只能比信号高 22dB，否则系统将不能正常工作。

4.6.2 跳频扩频技术

跳频技术和直接序列扩频技术均是采用很宽的频带来传输窄带信号，但两者的工作原理迥异，发射信号的产生和频谱结构也完全不同。

（1）跳频技术的基本概念

跳频（FH，Frequency Hopping）更确切地应称为"多频率编码选择移频键控"，其采用伪随机码序列构成跳频指令，控制频率合成器输出信号的频率在多个频率间随机跳变。跳频系统要求提供几百个、几千个甚至几万个离散的频率可供选择。

接收端为了对输入信号进行解扩，需要用与发送端相同的伪随机码序列发生器，控制本地频率合成器产生下变频用的本振信号。该本振信号要与发送的跳频信号的频率同步变化，将跳频信号下变频至一个固定的中频信号，然后送入信息解调器恢复出原来的信息。跳频系统的原理框图如图 4-25 所示。

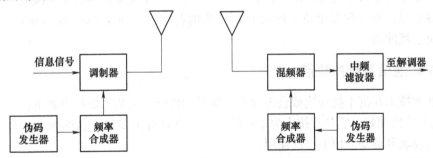

图 4-25 跳频系统原理框图

跳频系统收发双方按照预先约定好的频率通信，而对未约定的接收机则难以寻找到所使用的工作频率。因此，这种系统具有较强的抗截获和抗干扰性能。

把跳频信号与直接序列扩频信号比较，在每一瞬间（chip 内），跳频信号是一个窄带信号，只有在一个足够长的时间内，信号才占用很宽的频带范围。而直接序列扩频信号则是在每一瞬间均占据很宽的频带。因此，从抑制干扰的角度看，跳频系统常常叫作"躲避"系统，而直接序列系统叫作"平均"系统。

发送端用伪随机码序列发生器输出的跳频指令或图案，去控制频率合成器输出信号的频率，使其输出信号的频率随机地跳跃变化。从时间-频率的对应关系来看，多频率的跳频信

号可以由时频矩阵表示，每个频率的持续时间为 T_s，按照跳频指令的指示在时频矩阵内跳变。例如，某一跳频信号的跳频序列为 f_2、f_5、f_4、f_1、f_3，则其对应的时频矩阵如图 4-26 所示。

（2）跳频技术的性能参数

跳频技术的扩频增益 G_P 是跳频系统的一个重要参数，它等于跳频频率合成器能提供的最大频率跳变数。

跳频信号在各个时隙分别被变频到不同频率，接收机解跳时，只有相关跳频信号才恒定地落在中频信息带宽内，不相关的干扰信号只有与有用信号的频率相同，且在有用信号在该频率上的持续时间内才起作用。有用信号载波的频率受扩频伪随机码

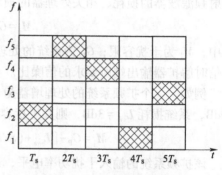

图 4-26　跳频的时频矩阵

的控制，当频率跳变后，干扰信号就不再起作用了。若选用频道很多，则干扰击中有用信号的概率是很小的。设跳频信号在整个通信时间内占用各个频道的概率相等，那么干扰击中选用频道的概率是可供选用频道数 N 的倒数。因此，跳频系统信噪比处理增益，如下式所示。

$$G_P = N \tag{4-27}$$

跳频系统的另一个重要参数是频率跳变速率。频率跳变速率越高，抗截获能力越强。但频率跳变速率的提高要受到很多因素（频率合成器和同步等）的制约。传统上，常以某一跳速为界限定义快跳频和慢跳频，例如跳变 10～50 次/s 为慢速跳频，50～500 次/s 为中速跳频，500 次/s 以上的为快速跳频。但这样定义所造成的问题是，随着技术的发展，今天的快跳频很可能成为明天的慢跳频，导致界限不得不跟着提高。所以目前一般定义为，当一个跳频频隙包含多个传输符号时为慢跳频，而当每个符号有多个频率跳变时为快跳频。采用快跳频的明显好处是，在发射每个符号时可获得分集增益（frequency diversity gain），有利于提高系统的抗干扰能力。

4.6.3　扩频通信系统的特点

扩频通信技术在抗干扰和抗截获方面具有优异的性能，它的主要特点如下：

1）抗干扰性能好。它具有抗人为干扰的能力，也具有抗多径干扰的能力，在军事通信等电子对抗领域和移动通信中广泛使用。

2）具有多址组网能力。给通信网内的每个用户分配不同的扩频码，且各扩频码之间具有较好的正交性，它们便可以使用相同的频率同时工作。当接收机需要接收某个发射机的信号，就选择该发射机发射信号对应的扩频码进行解扩。码分多址组网时，不需要复杂的网同步。

3）信号具有抗截获能力，保密性能好。扩频信号的频谱结构基本与待传输的信息无关，主要由扩频码来决定。信号的抗截获性能取决于扩频码，包括扩频码的周期特性、扩频码相对于信息的速率以及随机特性。扩频信号的扩频码的周期越长，扩频码的随机特性越好，其信号的抗截获能力和信息的安全性就越强。

4）频谱密度低，对其他通信系统的干扰小。如果信号的功率谱密度较大，容易对使用相同频段的其他通信系统造成干扰。直接序列扩频技术对信号的频谱进行扩展，降低信号的

功率谱密度，减小了对其他系统的干扰，使得频率资源的使用更加灵活。

5）高分辨率测距。测距是扩频技术的一项重要应用。利用扩频码测距，测距精度能达到码片宽度的千分之一，扩频码速率决定了测距系统的分辨率。卫星通信中扩频码速率通常较高，用于测距时对应的精度也相应提高。GPS、北斗等卫星导航系统均采用扩频码进行测距，从而达到定位和授时的目的。

习　题

1. 简述卫星通信信道的特点。

2. 简述常用的语音编码方法及各自的特点。

3. 简述图像压缩编码的基本原理，举例说出几种常用的静态图像编码和视频编码标准。

4. 常用的差错控制方式有哪几种？

5. 阐述编码增益的概念。某通信系统的误码率性能要求 BER$<10^{-6}$，未编码时所需的 $[E_b/n_0]$ 为 10.4dB，若采用码率为 1/3、码长为 64800 的二进制低密度奇偶校验码，所需要的 $[E_b/n_0]$ 为 1dB，请问该 LDPC 码的编码增益是多少？

6. 列出几种卫星通信中常用的调制方式。

7. 同步技术包括哪几类？

8. 解释直接序列扩频和跳频两者的抗干扰原理。

9. 一个直接序列扩频系统的信息符号速率为 1k Baud，扩频后的码片速率 10Mbit/s，要求解调器输出最小信噪比为 $(S/N)=10$dB，系统损耗 $L_{sys}=3$dB，请求出干扰容限。

第5章

卫星通信多址接入与信道分配

卫星通信的一个基本特点是，能进行多址通信（或者说多址连接）。系统中的各地球站均向卫星发送信号，卫星将这些信号混合并作必要的处理与交换，然后向地球某一区域转发或向地球的某些区域分别转发。那么，用怎样的信号传输方式，才能使接收站从这些信号中识别出发给本站的信号并知道发自何站呢？又怎样使转发器中混合的各站信号间的相互干扰尽量小呢？信道资源又是如何组织和分配的呢？这是多址通信要解决的问题。

应该指出，如果一个站只发送一个射频载波（或一个射频分帧），多址的概念是清楚的。但是，很可能一个站发送几个射频载波（或多个射频分帧），而我们关心的是区分出不同的射频载波或分帧，因此，有时把多址连接改称为"多元连接"似乎更恰当一些。我们应当广义地来理解"多址"这一概念。

5.1　多址接入

5.1.1　实现多址接入的依据

实现多址接入的技术基础是信号分割，也就是在发送端要进行恰当的信号设计，使系统中各地球站所发射的信号各有差别；而各地球站接收端则具有信号识别的能力，能从混合信号中选择出本站所需的信号。

一个无线电信号可以用若干个参量（指广义的参量，下同）来表征，最基本的是信号的射频频率、信号出现的时间以及信号所处的空间。信号之间的差别可集中反映在上述信号参量之间的差别上。

在卫星通信中，信号的分割和识别可以利用信号的任一种参量来实现。考虑到实际存在的噪声和其他因素的影响，最有效的分割和识别方法则是设法利用某些信号所具有的正交性，来实现多址接入。

（1）频分多址（FDMA，Frequency Division Multiple Access）

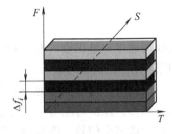

图 5-1 是垂直于频率轴，对多址立方体进行分割，时间和空间不分割，形成许多不重叠的频带。频分多址是对各站所发信号的频率参量进行分割，各信号在卫星转发器总频带内各占的频带 Δf_i 不同，而在时间上可重叠，并且可最大限度利用空间（赋形波束），接收端则利用频率正交性

图 5-1　频域正交示意图

$$\int_{\Delta f_i} X_i(f) X_j(f) \, \mathrm{d}f = \begin{cases} 1 & i = j \\ 0 & i \neq j \end{cases} \tag{5-1}$$

通过滤波器从混合的信号中选择所需的信号。式中 X_i、X_j 分别代表第 i 站和第 j 站发送的信号。

（2）时分多址（TDMA，Time Division Multiple Access）

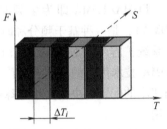

图 5-2 是垂直于时间轴，对多址立方体进行分割，频率和空间不分割，形成许多不重叠的时隙。时分多址是对各站所发信号的时间参量进行分割，各信号在一帧时间内以各不相同的时隙 ΔT_i（也称分帧）通过卫星。由于频率不分割，可最大限度利用卫星频带，并可最大限度利用空间（覆形波束），接收端则利用时间正交性

图 5-2　时域正交示意图

$$\int_{\Delta T_i} X_i(t) X_j(f) \, \mathrm{d}f = \begin{cases} 1 & i = j \\ 0 & i \neq j \end{cases} \tag{5-2}$$

通过时间选择门从混合的信号中选择所需的信号。X_i、X_j 分别代表第 i 站和第 j 站发送的信号。

（3）空分多址（SDMA，Space Division Multiple Access）

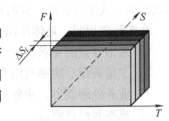

图 5-3 是垂直于空间轴，对多址立方体进行分割，频率和时间不分割，形成许多不重叠的小空间。空分多址是对各站所发信号的空间参量进行分割，各信号在卫星天线阵的辐射空间内各占据不同的小空间 ΔS_i，可最大限度利用卫星频带，时间上也不受限制，可连续使用，接收端则利用空间正交性

图 5-3　空域正交示意图

$$\int_{\Delta S_i} X_i(s) X_j(s) \, \mathrm{d}s = \begin{cases} 1 & i = j \\ 0 & i \neq j \end{cases} \tag{5-3}$$

通过空间选择（窄波束天线）从混合的信号中选择所需的信号。X_i、X_j 分别代表第 i 站和第 j 站发送的信号。

（4）码分多址（CDMA，Code Division Multiple Access）

除了频率、时间、空间分割外，还可利用波形、码型等复杂参量的分割来实现多址接入。码分多址是各站用各不相同的、相互正交的地址码分别调制各自要发送的信号，而发射的信号在频率、时间、空间上不作分割，也就是使用相同的频带，空间、时间上也可重叠，如图 5-4 所示。接收端则利用码型的正交性来识别信号，即

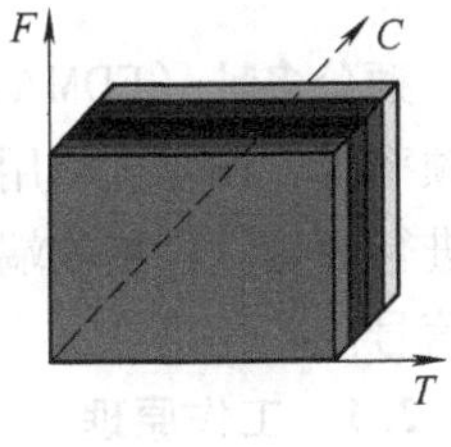

图 5-4　码域正交示意图

$$\int_T C_i(t) C_j(t) \, \mathrm{d}t = \begin{cases} 1 & i = j \\ 0 & i \neq j \end{cases} \tag{5-4}$$

接收端通过地址识别（相关检测法），从混合信号中选出所需信号。C_i、C_j分别代表第 i 站和第 j 站发送的信号。

应指出，为了更好地完成信号的识别，在被分割的参量段之间应留有一定的保护量，如保护频带、保护时隙等。此外，上面谈到的是一个体积元代表一个地球站的信号，如果一个站要发送多个信号，则对每个信号来说，为把它们识别出来，也要做类似的分割。

（5）组合多址

为了充分利用每一种多址接入方式的优点，进一步提高系统的通信容量，有时会将两种或两种以上多址接入方式组合使用，如 FDMA/TDMA、SDMA/TDMA、SDMA/FDMA、FDMA/CDMA 和 SDMA/FDMA /CDMA 等。

FDMA/TDMA 即为多频时分多址（Multi-Frequency Time Division Multiple Access, MF-TDMA），是一种基于频分和时分相结合的二维多址方式，主要用于解决 TDMA 体制卫星通信系统扩容不方便和大小口径地球站混合组网能力不足的问题。MF-TDMA 体制在保持TDMA 技术优势的基础上，首先通过载波数量的扩展而使系统扩容方便；其次通过载波间不同速率的配置解决了大小地球站兼容的通信问题，因而成了国内外研究的热点并得到了广泛应用。

FDMA/CDMA 即为多频码分多址（Multi-Frequency Code Division Multiple Access, MF-CDMA），它是 FDMA 和 CDMA 多址技术的结合应用。MF-CDMA 并行使用多个 CDMA 载波。从频域看，不同载波被保护带宽隔离，通常 MF-CDMA 需要的保护带宽比 MF-TDMA 要小些。每个载波采用扩频调制，可以利用不同的伪随机序列在相同载波内划分为不同的信道，用以区别不同的用户。当单个载波中伪随机序列的数量无法满足用户接入需求时，则采用增加载波的方式进行扩展，同时伪随机序列可以在各载波间复用。

在实际应用时，具体使用哪一种多址方式，需要考虑的因素主要包括以下几点：

1）通信容量的要求。

2）卫星频带、功率利用率。

3）业务处理能力，业务量和网络增长的适应能力。

4）成本和经济效益。

5）技术的先进性和可实现性。

6）其他要求，如保密、抗干扰。

5.1.2　频分多址

频分多址（FDMA）是将可以使用的频率带宽进行分割，形成多个相互不会重叠的若干子频率带，相互之间用保护频带分离。当多个地球站同时使用卫星转发器时，使用不同的频带进行通信。在接收端利用频率正交性，通过滤波器过滤筛选，从混合信号中还原出所需要的信号。

5.1.2.1　工作原理

卫星地球站间利用频分多址进行通信的示意图如图 5-5 所示。

频分多址作为一种最基本的多址方式，优点是技术成熟，设备简单，不需要网同步，在大容量线路工作时效率较高。缺点是有互调噪声，不能充分利用卫星功率和频带，上行功率、频带需要监控；有效容量随载波数增多而急剧降低；不灵活，要重新分配频率困难，大小站不易兼容。

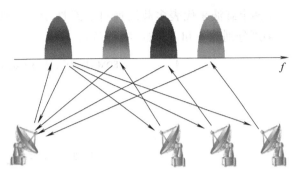

图 5-5　FDMA 多址接入工作原理图

在卫星通信发展初期，几乎都采用该种多址方式，并且至今仍是一种在广泛使用的主要多址方式。频分多址的实现方式主要有两种：单路单载波频分多址（SCPC/FDMA）和多路单载波频分多址（MCPC/FDMA）。

5.1.2.2　单路单载波

SCPC/FDMA 是一种简单、成熟的卫星通信多址体制，单路载波上只传送 1 路电话或 1 路数据等业务，载波频率的使用可以采用预分配方式，也可采用按需动态分配方式。

它具有以下特点：

1）由于低速语音编码和数字信号处理等技术的发展，每路载波的传输速率一般在 2.4～32kbit/s 之间，特殊应用情况下可达 8Mbit/s。

2）设备简单、经济、灵活，特别适合地球站众多，而每个地球站的通信业务量少（又称为稀路由）的系统。

3）由于每路载波只有 1 路业务，因此对于业务量很小的地球站设备，重量可以很轻，体积可以很小。

4）可采用某些技术来增加系统的灵活性，从而充分地利用卫星资源，这些技术有语音激活、载波按需动态分配等。

5.1.2.3　多路单载波

MCPC/FDMA 方式下，它在每一载波上传送多路业务信息，业务信息可以为群路语音、群路数据或者语音数据等的综合业务，载波频率的使用通常采用预分配方式，也可采用按需动态分配方式。多路业务信号间一般采用时分复用的复接方式。首先将多路数字基带信号用时分方式复用在一起，之后调制到一个载波频率上进行发送。

MCPC/FDMA 特别适用于业务量比较大、通信对象相对固定的点对点或点对多点的干线通信。

5.1.2.4　FDMA 中的互调

目前卫星转发器使用的功放主要包括两类，一类是行波管放大器（TWTA，Travelling-Wave Tube Amplifier），另一类是微波固态功放（SSPA，Solid-State Power Amplifier）。它们都是非线性器件，具有非线性特性。对于 FDMA 来说，非线性的影响主要体现在两方面，分别是幅度非线性和相位非线性。

（1）幅度非线性

行波管的幅度非线性可以用下式表示：

$$V=a_1v+a_2v^2+a_3v^3+\cdots+a_rv^r+\cdots,\ |a_1|>|a_3|>|a_5|>\cdots \tag{5-5}$$

式中，V 为输出电压；v 为瞬时输入电压；a 为系数；r 为多项式项的次数。

用两个载波来代表多载波通过非线性功放的情况，这两个载波的角频率分别为 ω_A 和 ω_B，幅度分别为 A 和 B，如图 5-6 所示。

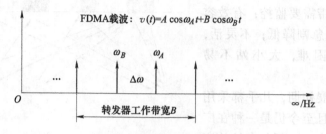

图 5-6　FDMA 载波功放输入

式（5-5）中的二次项为

$$a_2 v^2 = a_2 \left[\frac{A^2+B^2}{2} + \frac{A^2}{2}\cos 2\omega_A t + \frac{B^2}{2}\cos 2\omega_B t \right.$$
$$\left. + AB\cos(\omega_A+\omega_B)t + AB\cos(\omega_A-\omega_B)/t \right] \tag{5-6}$$

推而广之，多载波通过非线性功放后输出信号中的偶次项可以展开为：直流分量、$\Delta\omega$ 分量、各载波的偶次项（$r\omega$）分量、$r\omega+\Delta\omega$ 分量。各分量的分布如图 5-7 所示。

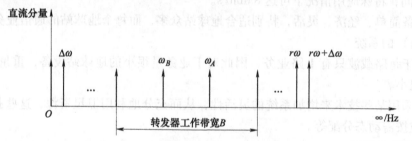

图 5-7　FDMA 载波功放输出偶次项

可以看到，没有分量落入转发器的工作带宽内，因此不会对有用信号造成干扰。

再来看公式中的三次项：

$$a_3 v^3 = a_3 \left[\frac{A^3}{4}\cos 3\omega_A t + \frac{B^3}{4}\cos 3\omega_B t + \frac{3A^2 B}{4}\cos(2\omega_A+\omega_B)t + \right.$$
$$\frac{3B^2 A}{4}\cos(2\omega_B+\omega_A)t + \frac{3A^2 B}{4}\cos(2\omega_A-\omega_B)t +$$
$$\left. \frac{3B^2 A}{4}\cos(2\omega_B-\omega_A)t + \left(\frac{3A^3}{4}+\frac{3AB^2}{2}\right)\cos\omega_A t + \left(\frac{3B^3}{4}+\frac{3BA^2}{2}\right)\cos\omega_B t \right] \tag{5-7}$$

三次项可展开为：ω 基频分量、各载波的奇次项（$r\omega$）分量、$r\omega\pm\Delta\omega$ 分量、$\omega\pm\Delta\omega$ 分量。各分量的分布如图 5-8 所示。

可以看到，其中有 $\omega\pm\Delta\omega$ 的分量会落入转发器工作带宽内，造成干扰。

由上面的分析可以看到，多载波射频信号通过卫星转发器时，各载波的组合频率会产生新的频率分量，当新的频率分量落入信号工作频带内时，将产生干扰，这个干扰就被称为互调干扰。

126

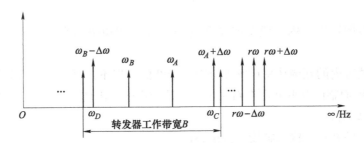

图 5-8　FDMA 载波功放输出奇次项

除了互调干扰以外，幅度非线性还存在幅度压缩的问题。当多载波输入非线性功放时，它的输出信号会受到压缩。也就是说，多载波输入时，输入的总功率与单载波输入时的功率一样，但输出的总功率没有单载波时输出的功率大。同时，各载波功率不等时，小信号要受到抑制，即幅度小的载波，输出的幅度压缩得更多。因此，FDMA 系统需要进行功率的控制，以保证小信号的正确接收。

（2）相位非线性

射频信号通过功率放大器时相移是包络的函数：

$$\phi_x(t) = C_0\, \overline{v^2(t)} \tag{5-8}$$

假设输入为两个载波：

$$v_i(t) = \sum_i A_i \cos w_i t \quad i = 1, 2 \tag{5-9}$$

输出为

$$V_o(t) = \sum_i A_i \cos(\omega_i t + \phi_x(t)) \tag{5-10}$$

展开后包含组合分量：

$$C_0(A_1^2 A_2 \sin(2\omega_1 - \omega_2)t + A_2^2 A_1 \sin(2\omega_2 - \omega_1)t) \tag{5-11}$$

其中，$C_0 = \dfrac{0.1516 K_P}{4P}$，$K_P$ 表示幅相变换系数，P 表示输入功率。

与幅度非线性的分析类似，可以看到，这个组合分量也会落入转发器的工作带宽内，形成干扰。

也就是说，相位非线性问题指的就是信号包络的变化，产生相移的变化，进而产生新的频率分量，形成互调干扰。

理论和实验证明：由幅度非线性和幅相变换所引起的总互调，可用幅度非线性产生的互调乘上一个大于 1 的系数来计算，该系数仅与功率放大器的工作点（幅相变换系数）有关。

前面对于幅度非线性和相位非线性的分析都是针对未调载波分析的，对于已调载波情况下的互调有以下结论：

1）对于调相调频信号，能量守恒，未调制载波的功率等于调制后功率谱中各频率分量之和。

2）输入多载波信号中，若每个已调波的功率谱密度是以无调制时的载波为中心对称分布的，则每一个互调功率谱密度，也是以相应的无调制时的互调波为中心对称分布的。

3）转发器带内总的互调功率谱密度分布，为所有落入带内的各阶互调功率谱密度之和。

4）在多载波的转发器内，或多或少会有一部分互调功率谱密度落入到有用信号的带内，造成干扰。

5）在转发器带内的互调功率谱密度分布是连续的，但不是平坦而是有起伏的。

FDMA 系统所面临的互调问题会对系统性能造成影响，因此，在实际使用时，会采取一些措施来减小其影响。

1）采用适当的补偿：输入补偿、输出补偿。

原理：离饱和点越远，行波管幅度特性线性越好，虽然某一段内相位特性的幅相变换影响比饱和点更严重，但综合结果是离饱和点越远，非线性影响越小。

为了使互调的影响降低到系统允许的程度，多载波工作的 TWTA 需加入适当的输入、输出补偿。

2）采用能量扩散信号。

原理：对于多路业务信号调制的已调波来说，满载时的功率谱密度较为扩散；而业务量减少时，功率谱密度较为集中，互调影响就严重，这时，需加上适当的信号对其进行附加调制，使互调干扰噪声广为扩散，以减小其对各路信号的影响。为此目的所加的信号叫能量扩散信号。

3）载波不等间隔排列。

原理：若载频等间隔配置，则它们之间产生的三阶、五阶互调正好落在各载频上，造成严重干扰。在频带富裕情况下，可以将载频不等间隔排列，使得它们之间的互调落在有用信号的带外。

这种方法适用于功率受限信道。

4）利用幅度和相位的预失真修正行波管的特性。

原理：在功放前，接入具有与之相反幅度特性和相位特性的器件或网络，用以对行波管的幅度特性和相位特性进行校正，从而使功放系统的输出与输入之间保持良好的线性和相位恒定。

尽管频分多址是一种简单且易于实现的多址方式，但在系统应用和设计时其一些关键技术必须要解决，主要有以下内容。

1）严格的功率控制。特别是在功率受限的卫星通信系统中尤为重要，地球站发射功率大于某额定值后，就会侵占卫星上发送给其他地球站的功率资源；发射功率过小，则会影响通信质量。

2）设置适当的保护频带。当相邻频道的频谱成分落入本频道后，就会引起邻道干扰。为了避免因为载频的漂移而引起的载波频谱重叠，在各载波占用的频带之间，要留有一定的间隙作为保护频带。保护频带过宽，则频带利用率降低；保护频带过窄，则要对卫星和地球站的频率源和滤波器等提出苛刻的要求。

3）尽量减少互调的影响。由于卫星转发器功放是一个非线性器件，FDMA 系统多载波工作妨碍了卫星功率的有效利用，需要采取功放工作点回退、预失真修正等措施来减少互调的影响。这里补充一点，地球站的高功率放大器（HPA）放大多载波时同样存在非线性互调问题，也需要采用相应的措施来减小互调的影响。

5.1.2.5 FDMA 的系统容量

系统设计规定，需要一个特定的载噪比值，这个值用下标 REQ 来表示。总的 C/N 必须至少不小于这个需要的值。对于 FDMA 方式，使用补偿来将互调噪声降低到一个可接受的电平，为了充分利用卫星功率资源，系统设计时，上行载噪比会大于下行载噪比，所以上行链路噪声贡献通常可以忽略不计，因此这样可以得到：

$$\left(\frac{C}{N}\right)_{REQ} \leqslant \left(\frac{C}{N}\right)_{D} \tag{5-12}$$

考虑这样一种情况，FDMA 系统中每一条载波占用带宽为 B，使用的下行链路功率为 $[EIRP]_{D}$，由 3.5.3 节的分析可以得到：

$$\left[\frac{C}{N}\right]_{D} = [EIRP]_{D} - [L]_{D} + \left[\frac{G}{T}\right]_{E} - [k] - [B] \tag{5-13}$$

假定 $B_{n} \approx B$，这个公式可以用要求的载噪比重写如下：

$$\left[\frac{C}{N}\right]_{REQ} \leqslant [EIRP]_{D} - [L]_{D} + \left[\frac{G}{T}\right]_{E} - [k] - [B] \tag{5-14}$$

为了设置一个参考电平，首先考虑单载波工作方式。假设卫星的饱和 EIRP 值为 $EIRP_{S}$，转发器的带宽为 B_{TR}，这两个值都是固定的。在单载波条件下，不需要补偿，这样式（5-14）变为

$$\left[\frac{C}{N}\right]_{REQ} \leqslant [EIRP_{S}] - [L]_{D} + \left[\frac{G}{T}\right]_{E} - [k] - [B_{TR}] \tag{5-15}$$

或者

$$\left[\frac{C}{N}\right]_{REQ} - [EIRP_{S}] + [L]_{D} - \left[\frac{G}{T}\right]_{E} + [k] + [B_{TR}] \leqslant 0 \tag{5-16}$$

如果系统设计在单载波下工作，那么可取等号，这样参考条件为

$$\left[\frac{C}{N}\right]_{REQ} - [EIRP_{S}] + [L]_{D} - \left[\frac{G}{T}\right]_{E} + [k] + [B_{TR}] = 0 \tag{5-17}$$

现在考虑由于补偿引起的功率受限效应。假定 FDMA 多址接入方式下有 H 个载波平均共享输出功率，每个载波需要的带宽为 B，每个 FDMA 载波的输出功率为

$$[EIRP]_{D} = [EIRP_{S}] - [BO]_{o} - [H] \tag{5-18}$$

整个转发器的带宽 B_{TR} 由这些载波所共享，令 α 表示实际占用带宽占总带宽的百分比，这样 $HB = \alpha B_{TR}$，或者用分贝表示为

$$[B] = [\alpha] + [B_{TR}] - [H] \tag{5-19}$$

将这些关系式代入到式（5-15）中得到：

$$\left[\frac{C}{N}\right]_{REQ} \leqslant [EIRP_{S}] - [BO]_{o} - [L]_{D} + \left[\frac{G}{T}\right]_{E} - [k] - [B_{TR}] - [\alpha] \tag{5-20}$$

注意，式中 $[H]$ 这一项被消除了。表达式可以重新排列如下：

$$\left[\frac{C}{N}\right]_{REQ} - [EIRP_{S}] + [L]_{D} - \left[\frac{G}{T}\right]_{E} + [k] + [B_{TR}] \leqslant -[BO]_{o} - [\alpha] \tag{5-21}$$

如果以单载波工作作为参考条件，则式（5-21）左边为零，因此

$$0 \leqslant -[BO]_{o} - [\alpha] \quad \text{或者} [\alpha] \leqslant -[BO]_{o} \tag{5-22}$$

可以得到的最好结果是使得 $[\alpha]=-[BO]_o$，由于补偿是一个正的分贝值，$[\alpha]$ 必须是一个负值，也就是 α 为一个小数。下面的例子给出由于补偿所带来的功率受限问题。

例 5-1　一个卫星转发器的带宽为 36MHz，饱和 EIRP 为 27dBW。地球站接收机的 G/T 值为 30dB/K，总的链路损耗为 196dB。转发器被多个 FDMA 载波所使用，每个载波的带宽为 3MHz，系统采用 6dB 的输出补偿。计算单载波工作时下行链路的载噪比及这个 FDMA 系统中最大允许的载波数，并将这个结果与无输出补偿时的载波数相比较。（可以取单载波工作时得到的载噪比为参考值，假定上行链路噪声和互调噪声可以忽略不计。）

解：转发器带宽：$B_{TR}=36\text{MHz}$，$[B_{TR}]=10\log_{10}B_{TR}=75.6\text{dBHz}$

载波带宽：$B=3\text{MHz}$，$[B]=10\log_{10}B=64.8\text{dBHz}$

饱和 EIRP：$[\text{EIRP}_S]=27\text{dBW}$

输出补偿：$[BO]_o=6\text{dB}$

总的传播损耗：$[L]_D=196\text{dB}$

地球站 G/T 值：$\left[\dfrac{G}{T}\right]_E=30\text{dB/K}$

$$\left[\frac{C}{N}\right]_D=[\text{EIRP}_S]-[L]_D+\left[\frac{G}{T}\right]_E+228.6-[B_{TR}]=14\text{dB} \tag{5-23}$$

$$[\alpha]=-[BO]_o \tag{5-24}$$

$$[H]=[\alpha]+[B_{TR}]-[B] \tag{5-25}$$

$$H=10^{\frac{[H]}{10}}=3 \tag{5-26}$$

如果不需要补偿的话，允许的载波数为

$$\frac{B_{TR}}{B}=12 \tag{5-27}$$

可以看到 FDMA 系统，为了减小互调干扰的影响，采用输出补偿，导致系统容量的减小。

5.1.3　时分多址

时分多址（TDMA）对各站所发信号的时间参量进行分割，所有站使用同一个频率进行相互间的通信，按照时间顺序一帧内划分为若干时隙。各站发送的信号在一帧时间内以各不相同的时隙通过卫星。

5.1.3.1　工作原理

卫星地球站间利用时分多址进行通信的示意图如图 5-9 所示。

各地球站在规定的时隙内以突发的形式发射信号，地球站发送的突发信号必须落在指定的时隙内，否则将会对系统其他站发送的突发信号造成干扰。时隙结构中的保护时间用于防止突发信号发生重叠而导致其丢失。

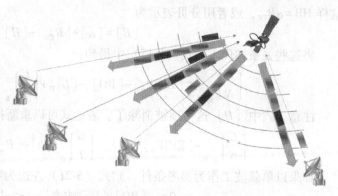

图 5-9　TDMA 多址接入示意图

　　时分多址系统在每帧设置一个时隙用于主站发送突发信号，其他站以此作为时间基准，在指定的时隙发送业务突发信号，并保证各站发送的突发信号按照规定的时间顺序依次通过卫星转发器。在下行链路，所有站可接收该频率上的所有突发信号。时分多址卫星通信系统，任何时刻都只有一路信号通过转发器，若载波信号带宽占用整个转发器频带，则转发器始终处于单载波工作状态，转发器功放可工作于接近饱和点，从而能够有效利用转发器的功率资源。

　　TDMA 的优点是无互调问题，能充分利用卫星的功率和频带，上行功率不需要控制；站多时通信容量仍较大。TDMA 的缺点是需要精确的全网时间同步，低业务量用户也需相同的 EIRP，而且实现技术较复杂、困难。

　　时分多址的发送和接收是突发式的，用户数据是在规定时隙内进行接收或者发射，也就是说用户数据是连续的，发射是不连续的。所以，必须有存储设备来缓冲用户数据，在发送端实现低速用户数据到高速突发数据的转换；在接收端实现高速突发数据到低速用户数据的转换。TDMA 突发模式传输示意图如图 5-10 所示。

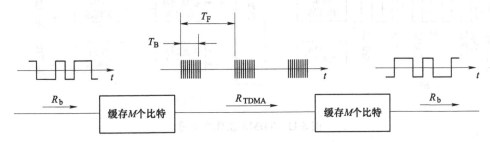

图 5-10　TDMA 突发模式传输示意图

　　用户速率 R_b、帧长时间 T_F、突发时间 T_B、缓冲器大小 M 和突发速率 R_{TDMA} 的关系可以用下面的公式来表示：

$$M = R_b T_F \tag{5-28}$$

$$R_{TDMA} = \frac{M}{T_B} = R_b \frac{T_F}{T_B} \tag{5-29}$$

　　在一帧时间内缓冲存储器按照输入比特率 R_b 来填满，在下一帧中这 M 个比特作为一个突发发送出去，对输入的连续性没有任何影响。

　　突发速率 R_{TDMA} 表示一个突发内的瞬时比特速率。帧长时间 T_F 会被加到总的传播时延中，即使发送缓冲器和接收缓冲器之间的实际传播时延为零，接收端在接收到第一个发送突发之前也必须等待一个帧长 T_F 的时间。

　　典型的时分多址系统如图 5-11 所示。

　　在地面接口模块中，输入的连续信号被转换成断续的突发模式信号。这些突发模式信号在时分复用器进行时分复用，以便到达每个目的地球站的业务出现在分配给它的时隙中。位于一个突发开始的某些时隙用来传送定时和同步信息，这些时隙统称为报头，包括报头和业务数据的一个完整的突发被用来对射频载波进行调制。这样，在射频上发送的复合突发由许多时隙组成。

　　时分多址卫星通信系统需要设计合理的帧结构，并解决精确的同步问题，保证各突发到

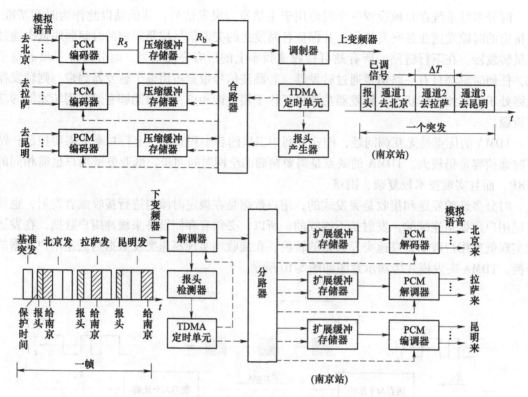

图 5-11   TDMA 工作原理图

达转发器的时间不发生重叠，并且保证接收站能正确识别站址和迅速建立载波、位定时同步，系统实现的复杂度高。

5.1.3.2 帧结构

所谓的帧结构，指的是发送信息的内容、顺序和长度的规定。在一个地球站内接收到的信号由来自所有发送站的突发组成，这些突发按帧的格式排列，如图 5-12 所示。

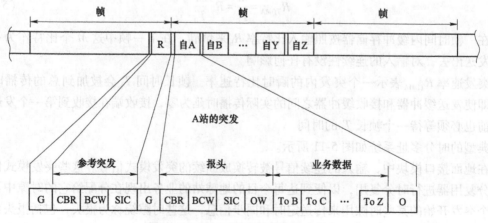

图 5-12   TDMA 系统的帧和突发格式

G—保护时间   CBR—载波和检定时恢复   BCW—突发码（也叫独特码或 UW）

SIC—站标识码   Q—报尾

TDMA 帧结构中主要包括参考突发、业务突发，还有保护时间。

（1）参考突发

每个帧中都至少包含一个参考突发，或叫作基准突发。参考突发指示一帧开始，由主控参考站发送，其中包含了突发捕获和同步所需要的定时信息。所有的系统定时都是从主控参考站中高稳定度时钟获得。卫星上的时钟锁定到主控参考站时钟上，这样其他所有参与通信的地球站时钟都能与主参考站保持一致。卫星时钟将提供恒定的帧时间，但是系统中的各地球站必须根据到卫星的距离变化做出修正，因为各地球站发送的突发在到达卫星时必须同步。

1）保护时间（G）。相邻突发之间的保护时间是为了防止突发时间的重叠。不同突发的保护时间可能不一样，它依赖于各种突发在每帧内的定位精度。

2）载波和位定时恢复（CBR）。在 CBR 时隙的第一部分是一个未调载波信号，它用作检测器内本地振荡器的同步参考信号，这个本振产生一个同接收载波相干的输出信号。CBR 时隙的后面部分的载波被一个已知相位变化的序列所调制，它可以帮助恢复位定时信号。

3）突发码（BCW）（也称为独特码 UW）。通过将本地存储的 BCW 与输入突发中的比特相比较来检测一组接收比特与 BCW 匹配的时刻，用来产生突发在帧中位置的精确时间参考。在 BCW 中也携带了已知的比特序列，可用于解决相干检测中的相位模糊问题。

4）地球站标识码（SIC）。这个码字用来标识发送的地球站。

（2）业务突发

业务突发帧结构中有一个重要的部分——报头。报头是一个业务突发的起始部分，它携带的信息类似于参考突发，而且与参考突发一样，报头提供一个载波和位定时恢复比特及用作突发定时的独特码。但是业务突发的独特码不同于参考突发，不同的独特码是用来区分这两种类型的突发。

（3）帧效率

报头、保护间隔和每帧中参考突发比特的总和称为开销比特。开销比特不传输业务比特，它的多少会影响实际业务传输的效率，而衡量业务传输效率可以用帧效率来表示，即

$$\eta_f = \frac{业务比特数}{总比特数} = 1 - \frac{开销比特数}{总比特数} \tag{5-30}$$

对于一个固定的额外开销，一个较长的帧或者更多的总比特数可获得更高的帧效率。较长的帧意味着较大的缓冲存储器，同时也增加了传播时延。

较小的额外开销可以提高帧效率，但是减少同步和保护时间可能意味着需要更复杂的设备。

5.1.3.3　系统定时

（1）突发时间计划

为保证每个突发在正确时隙到达卫星，需要系统定时。定时标记是由参考突发来提供，通过卫星链路转发到各业务站。在任何给定的业务站，通过检测参考突发中的独特码来表示接收帧的开始（SORF，Start Of Receiving Frame）。

网络运行依赖于一个突发时间计划，突发时间计划向每个地球站表明到达该站的突发相对于 SORF 的位置。

帧结构中的时间基准是相对于卫星时钟的，但由于信号到达不同地球站的传播时延不

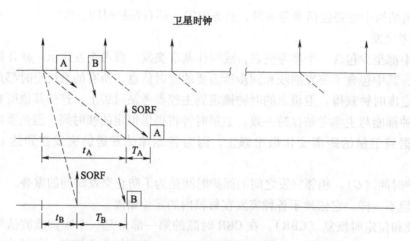

图5-13 突发时间计划中的接收帧开始（SORF）标记

同，所以，不同地球站接收信号的时间不同。

如图5-13所示，在地球站 A，SORF 标记是在经过传播时延 t_A 后接收的，突发时间计划告诉站 A，在其接收到 SORF 标记后 T_A 时间的突发是到达它的信息。同样，对于站 B，传播时延是 t_B，接收的突发从 SORF 标记后 T_B 时刻处开始。

（2）初始捕获和分帧同步

要保证正确的系统定时，必须要解决两个问题：一个是初始捕获问题，一个是分帧同步问题。初始捕获指的是地球站开始发射突发时，怎样保证此突发正确地进入指定的时隙，而不会误入其他时隙造成干扰。而分帧同步指的是当正常工作时，每隔一帧时间发一次，又怎样保证各分帧之间维持精确的时间关系，不会发生重叠。

同步可以通过开环的方式来实现，也可以通过自环的方式来实现。

采用开环方式进行同步时，地球站在接收到基准定时标记后，按照突发时间计划以固定时间间隔发送，突发时间留有足够的保护时间来容纳传播时延的变化。使用这种方法得到的突发位置误差可能非常大，需要较长的保护时间，会降低帧效率。

有一种改进型开环方法称为自适应开环定时，此时业务站到卫星的距离通过轨道数据或测量计算得到，业务站根据计算结果不断地对发送定时做出修正，以此补偿距离的变化。

自环法也称为直接闭环反馈法。自环法需要测距，通过测距可获得对时隙位置的大致估计。另外，自环法需要地球站能够接收到自己的发送信号，据此确定传输距离，因此自环法只能应用在卫星发射的波束覆盖了网内所有地球站的全球波束或区域波束的情况。

SORF 标记被作为一个突发传输的参考点，但是表示发送帧起始（SOTF, Start Of Transmitting Frame）的参考点必须延迟一定时间，在图5-14中对 A 站和 B 站分别用 D_A 和 D_B 表示。这个延迟使得每个地球站的 SOTF 参考点到达卫星转发器的时刻是一致的，并且在 SOTF 后指定时间发送的突发在正确的时间到达转发器。任何给定的基准卫星时钟脉冲与对应的 SOTF 之间的总延迟是一个常数，对 A 站来讲 C 等于 $2t_A + D_A$，对 B 站来讲 C 等于 $2t_B + D_B$。

5.1.3.4 TDMA 的系统容量

如果令 R_b 表示语音信道的比特速率，假设有 n 条语音信道供所有接入该转发器的地球

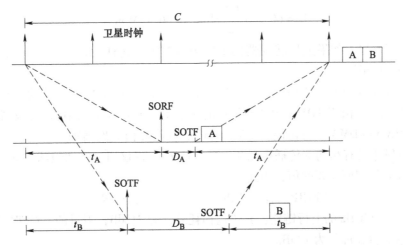

图 5-14　突发时间计划中的发送帧开始（SOTF）标记

站使用，因此一帧内总的到达业务比特速率为 nR_b，以帧效率来表示的一帧内的业务比特速率为 $\eta_F R_{TDMA}$，因此

$$nR_b = \eta_F R_{TDMA} \tag{5-31}$$

$$n = \frac{\eta_F R_{TDMA}}{R_b} \tag{5-32}$$

这样，就可以通过帧效率、信息速率和突发速率来计算 TDMA 的信道容量。

在 TDMA 系统中，TWTA 通常不需要补偿，这就允许转发器工作在饱和状态。上行链路的发送站必须能够将转发器推入饱和，意味着即使一个低容量的地球站也需要相当大的功率，这个功率要大于 FDMA 系统中所需要的功率。

转发器的输出功率或带宽限制了系统的传输容量。

功率受限系统：TDMA 系统总的载噪比 C/N 成为决定最大数据速率的因素，其关系为

$$[R] = \left[\frac{C}{N_0}\right] - \left[\frac{E_b}{n_0}\right] \tag{5-33}$$

$[E_b/n_0]$ 由系统所要求的误比特率所决定，如果已经规定了数据速率 R，则就可根据式（5-33）确定 $[C/n_0]$。

当 $[C/n_0]$ 由其他链路参数所确定，数据速率就可由式（5-33）确定。

带宽受限系统：数据速率受到信号带宽的限制，数据速率与信号带宽的比由下式给出

$$\frac{R}{B_{IF}} = \frac{m}{1+\rho} \tag{5-34}$$

对于 BPSK，$m=1$；对于 QPSK，$m=2$；ρ 为滚降因子。

例 5-2　一条使用 QPSK 调制的 TDMA 链路的 $[C/n_0]$ 为 87.3dBHz，要求的 BER 为 1e-5，计算最大传输速率。假定滚降因子为 0.2，计算所需的信号带宽。

解：对于 QPSK，当 BER 为 1e-5 时，要求的 $[E_b/n_0]$ 为 9.6dB。因此

$$[R] = (87.3 - 9.6)\text{dBbit/s} = 77.7\text{dBbit/s} \tag{5-35}$$

这等于 60.25Mbit/s。

对于 QPSK，可以得到

$$B_{IF} = 60.25 \times \frac{1.2}{2} \text{Mbit/s} = 36.15 \text{Mbit/s} \tag{5-36}$$

由此例可以看出，如果卫星转发器的带宽为36MHz，这样的系统是最佳的，因为同时达到带宽和功率的极限。

对于FDMA系统的上行链路来讲，$[R]$ 等于 $[R_b]$；对TDMA系统的上行链路来说，$[R]$ 等于 $[R_{TDMA}]$。由于TDMA地球站传输的速率要高于FDMA，因此需要较高的EIRP。

对于TDMA和FDMA上行链路，$[R]$ 的增加就需要相应地增加 $[C/n_0]$。假定TDMA和FDMA上行链路具有相同的传播损耗和卫星 $[G/T]$，仅仅通过增加地球站的 $[EIRP]$ 就可以增加 $[C/n_0]$ 到所需要的值，因此

$$[EIRP]_{TDMA} - [EIRP]_{FDMA} = [R_{TDMA}] - [R_b] \tag{5-37}$$

例5-3 一个14GHz的上行链路，其传输损耗总共为212dB，卫星的 $[G/T]$ 为10dB/K，要求的上行链路 $[E_b/n_0]$ 为12dB。

1）假定采用FDMA方式，上行链路天线增益为46dB，如果传送一条T1基带信号，计算所需的地球站发射功率。

2）如果上行链路传输速率固定为25Mbit/s（即74dBbit/s），采用TDMA方式工作时，计算需要增加的上行链路发射功率。（T1线路比特速率为1.544Mb/s或 $[R]$ = 62dBbit/s）

解：1）T1线路的比特速率为1.544Mbit/s或 $[R]$ = 62dBb/s，使用指定的 $[E_b/n_0]$ = 12dB，可得到

$$\left(\frac{C}{N_0}\right) = (62+12) \text{dBHz} = 74 \text{dBHz} \tag{5-38}$$

$$\begin{aligned}
[EIRP] &= \left[\frac{C}{N_0}\right] - \left[\frac{G}{T}\right] + [LOSSES] - 228.6 \\
&= (74 - 10 + 212 - 228.6) \text{dBW} \\
&= 47.4 \text{dBW}
\end{aligned} \tag{5-39}$$

因此所需的发射功率为 $[P]$ = (47.4-46)dBW = 1.4dBW，或者1.38W。

2）在TDMA工作方式下，数据速率增加了74dB-62dB = 12dB，所有其他因素都相同，地球站的 $[EIRP]$ 必须增加这样一个量，因此

$[P]$ = 1.4dBW + 12dBW = 13.4dBW，或者21.9W。

5.1.4 码分多址

码分多址（CDMA）中利用信号结构参量区分不同用户地址，各个用户所发送的信号在结构上各不相同并且相互之间具有准正交性，但在频率、时间和空间上所有信号都有可能重叠。图5-15为CDMA基本原理示意图。

码分多址方式中利用自相关性非常强而互相关性比较弱的周期性码序列（通常使用伪随机序列，又称PN序列）作为地址信息，称为地址码。对用户数据比特进行再次调制，使其频谱展宽，称为扩频调制。经过卫星信道传输后，在接收端以本地产生的相同地址码为参考，根据相关性的差异对接收到的信号进行筛选，找出与本地地址码完全一致的接收宽带信号并还原为窄带信号，其他无关的信号仍保持或扩展为宽带信号，通过滤波器滤去绝大部分能量，称之为相关检测或扩频解调。这样的扩频方式通常分为两种：一种是直接序列扩频，

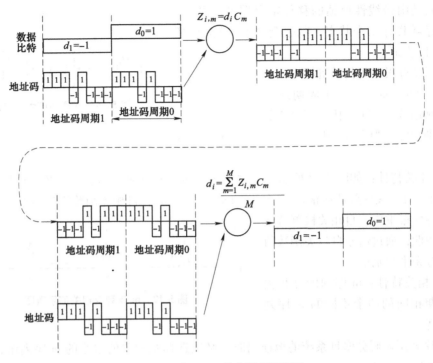

图 5-15　CDMA 基本原理示意图

直接通过地址码区分不同用户，其基本原理详见 4.6.1 节；另一种是跳频，通过由地址码产生的跳频图案来区分不同用户，其基本原理详见 4.6.2 节。

5.1.4.1　地址码

对于 CDMA 系统而言，地址码的作用十分重要，从一定程度上说，地址码的性能决定了 CDMA 系统的性能。对于地址码通常有以下几点要求：

（1）具有尖锐的自相关特性和弱的互相关特性

尖锐的自相关特性，可以保证可靠地接收有用信号，弱的互相关特性，可以减小接收其他用户信号的功率。

（2）选用的地址码族中，所含的可用码序列的数量应足够多

在 CDMA 系统中，通常每一个地址码对应一个用户，因此，必须要保证有足够多的地址码序列，从而使系统的通信容量不受地址码数量的限制。

（3）码序列应便于捕获，使同步建立时间尽可能地短

这样可以便于缩短用于地址码同步的同步头的长度，从而减小开销，提高信道利用率。

（4）1、0 码元数尽量平衡

如果 1、0 码元数不平衡的话，会存在直流偏置，相当于在信号的载波频率上多了个单音干扰，这不是系统所期望的。

常用的地址码序列主要有 m 序列、Gold 序列等。

（1）m 序列

m 序列是最大长度线性移位寄存器序列的简称。它具有与随机噪声类似的尖锐自相关特性，但它不是真正随机的，而是按一定的规律周期性地变化。图 5-16 为 m 序列产生示意图。

m 序列是由带线性反馈的移位寄存器产生的，n 级移位寄存器共有 2^n 个状态，除去全 "0" 状态外还剩下 2^n-1 种状态。

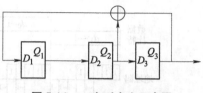

图 5-16 m 序列产生示意图

m 序列具有很好的伪随机特性。

1）平衡性：m 序列一个周期内 "1" 和 "0" 的码元数大致相等（"1" 比 "0" 只多一个）。在 $P = 2^n-1$ 的周期内，"0" 出现 $2^{n-1}-1$ 次，"1" 出现 2^{n-1} 次。

2）自相关特性：如图 5-17 所示，当时延 $\tau=0$ 时，m 序列的自相关函数出现峰值 1；当 τ 偏离 0 时，自相关函数曲线很快下降；当 $1\leqslant\tau\leqslant P-1$ 时，自相关函数值为 $-1/P$。

这一特性很重要，自相关检测就是利用这一特性，通过信号自相关函数值的大小或有无来识别信号。

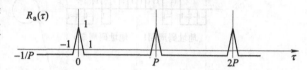

图 5-17 m 序列自相关值示意图

3）互相关特性：m 序列的互相关性是指周期相同的两个不同的 m 序列一致的程度。

当 m 序列用做码分多址系统的地址码时，必须选择互相关值很小的 m 序列组，以避免用户之间的相互干扰。

对于周期 $P=2^n-1$ 的 m 序列组，其最好的 m 序列对的互相关函数值只取三个值，这三个值是：

$$R_c(\tau) = \begin{cases} [t(n)-2]/P \\ -1/P \\ -t(n)/P \end{cases} \tag{5-40}$$

其中

$$t(n) = 1+2^{[(n+2)/2]} \tag{5-41}$$

式中，[ ] 表示取实数的整数部分。这三个值被称为理想三值。能够满足这一特性的 m 序列对被称为 m 序列优选对，它们可以应用到实际工程当中去。表 5-1 为 m 序列数量和优选对数量一览表（部分）。

表 5-1 m 序列数量和优选对数量一览表（部分）

级数 n	周期 $p=2^n-1$	m 序列个数	最大互相关值	优选对序列个数	优选对最大互相关值
3	7	2	5	2	5
4	15	2	9	0	9
5	31	6	11	3	9
6	63	6	23	2	17
7	127	18	41	6	17
8	255	16	95	0	33
9	511	48	113	2	33

（续）

级数 n	周期 $p = 2^n - 1$	m 序列个数	最大互相关值	优选对序列个数	优选对最大互相关值
10	1023	60	383	3	65
11	2047	176	287	4	65
12	4095	144	1407	0	129
13	9191	630	≥703	4	129
14	16383	756	≥5631	3	257
15	32767	1800	≥2047	2	257
16	65535	2048	≥4095	0	513

从表中可以看到，m 序列能彼此构成优选对的数目很少，不便于在码分多址系统中应用。

（2）Gold 序列

为了解决 m 序列地址码数目少的问题，R. Gold 提出一种基于 m 序列优选对的码序列，称为 Gold 序列。它是 m 序列的组合码，由优选对的两个 m 序列逐位模 2 加得到。当改变其中一个序列的相位时，又可得到一个新的 Gold 序列。图 5-18 为 Gold 序列产生示意图。

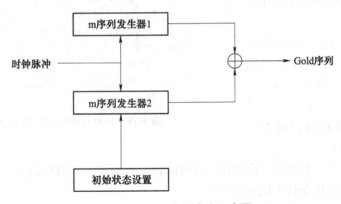

图 5-18　Gold 序列产生示意图

Gold 序列的自相关特性不如 m 序列，但互相关特性和 m 序列一样。而它最大的特点是序列数量比 m 序列多，只要改变 m 序列的不同位置就得到不同的 Gold 序列，因此在 CDMA 系统中得到了大量的应用。

5.1.4.2　同步技术

地址码同步是指使本地产生的地址码与接收到的用户信号中的地址码同频同相，它们每个周期的起止时间相互对准。这是接收端能正确解扩接收的基础，但由于下列这些原因，接收端在接收到信号时，收发之间的地址码是不同步的：

1）收发两端扩频序列的起动时差。

2）收发信机的距离引起的传播延迟产生的相位差。

3）收发信机时钟频率的相对不稳定性引起的频差。

4）收发信机相对运动引起的多普勒频移。

所以，接收时需要有地址码同步的过程，这个过程通常包含两步，一是捕获过程，二是跟踪过程。所谓的捕获过程是指接收机不知道对方是否发送了信号和发送序列的相位，需要有一个搜索过程，即在一定的频率和时间范围内搜索和捕获发送信号，找出地址码相位。而所谓的跟踪过程是指在捕获的基础上，进一步减小收发两个序列的相位误差，使两者达到精确同步，并继续保持同步。

（1）捕获过程

地址码的捕获利用的是地址码的自相关特性，采用"相关试探"方法以不同的码相位、载波参数，尝试与接收信号进行相关运算。一旦发现有较大的相关值，并超过设定的捕获门限，则上报捕获成功，并记录当前的地址码相位，用于校准本地地址码，与接收信号的地址码对齐。

如图 5-19 所示，有时地址码捕获的搜索过程是二维的，同时搜索地址码相位和频差，这样捕获成功时，可同时给出地址码的相位和频差，从而分别校准地址码和本地的接收频率。

衡量捕获性能使用以下几个指标：

1）捕获时间 T_{acq}，也就是捕获信号所用时间。捕获时间越短越好，这样便于后续其他同步，而且捕获时间越短，用户接入的速度越快，所以捕获时间通常是用户比较关心的指标。

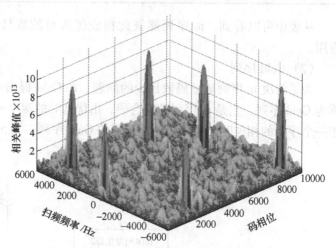

图 5-19 地址码捕获相关峰示意图

2）捕获概率 P_d，也就是当信号存在时检测到信号的概率。捕获概率越高越好，它体现了接收机在一定信噪比条件下的接收能力。

3）虚警概率 P_{fa}，即在信号不存在时错误检测到信号的概率，虚警概率越低越好。

可以看到，信号累加时间一定的条件下，捕获概率与虚警概率是一对矛盾，捕获门限降低，捕获概率提高，但虚警概率也高了；捕获门限提高，虚警概率降低，但捕获概率也降低了。因此，也需要做一个权衡。

（2）跟踪过程

当捕获到有用信号后，即收发地址码相位差在半个码片以内时，转入跟踪状态。

跟踪多采用环路锁相技术，当外界因素引起收发两端地址码的频率或相位偏移在一定的范围内，要求跟踪环路总能使接收端地址码跟踪发送端地址码的变化。

5.1.4.3 CDMA 的系统容量

假定进入接收机的每条信道的功率 P_R 是相等的。在总数为 K 条信道的系统中，其中 $K-1$ 条信道都会产生噪声，假定这个噪声在接收机的噪声带宽 B_N 内是均匀分布的，则噪声密度（W/Hz）为

$$n_0 = \frac{(K-1)P_R}{B_N} \tag{5-42}$$

令想要信道的信息速率为 R_b，那么

$$E_b = \frac{P_R}{R_b} \tag{5-43}$$

因此，每比特能量与噪声密度之比为

$$\frac{E_b}{n_0} = \frac{B_N}{(K-1)R_b} \tag{5-44}$$

在 BPSK 检测器中噪声带宽近似等于信号带宽，但速率要用码片速率

$$B_N = B_{IF} = (1+\rho)R_c \tag{5-45}$$

其中，ρ 为成形滤波器的滚降因子。因而，每比特能量与噪声密度之比变为

$$\frac{E_b}{n_0} = \frac{(1+\rho)R_c}{(K-1)R_b} \tag{5-46}$$

从而信道数可表示为

$$K = 1 + (1+\rho)\frac{R_c n_0}{R_b E_b} \tag{5-47}$$

由于功率密度与带宽成反比，处理增益的一个近似表达式为

$$G_p = \frac{R_c}{R_b} \tag{5-48}$$

因此

$$K = 1 + (1+\rho)G_p\frac{n_0}{E_b} \tag{5-49}$$

总体来看，CDMA 对于卫星网络应用具有几个优点，尤其是对于涉及 VSAT 终端的网络。这些优点包括：

1）VSAT 天线的波束比较宽，因此很容易受到邻近卫星的干扰，CDMA 通过扩频获得的干扰抑制特性在这种情况下是很有帮助的。

2）当反射信号的时延超过一个码片的周期并且接收机锁定在直射信号上时，可以避免由于反射等造成的多径干扰。

3）系统中各地球站之间不需要同步（不像 TDMA，同步是系统中一个非常关键的问题），这意味着一个地球站可在任何时候接入系统。

4）系统中用户数的增加对系统性能的恶化（E_b/n_0 降低）是平缓的。这样，如果能够接受性能的某些下降就可以容纳更多业务量。

5）抗干扰能力较强，信号功率谱密度低，抗截获性能好。

主要缺点是频带利用率低，通信容量较小，而且 CDMA 系统是一个自扰系统，"远近效应"明显，需要功率控制。

所以 CDMA 系统比较适用于军事通信、小容量线路。

5.2 信道分配

5.2.1 信道分配的基本概念

与多址接入方式紧密相关联的还有一个通道分配问题。可以分配的资源有哪些？就是5.1节所述的频带、时隙、窄波束以及地址码。对于 FDMA 来说，是把转发器可用频带分割成各个通道后，以怎样的方式分配给各站占用；对于 TDMA、SDMA、CDMA 来说，就是以怎样的方式将时隙、窄波束、地址码分配给各站使用。通常把这种通道分配方式称为信道分配制度。

信道分配制度是卫星通信体制的一个重要组成部分，关系到整个卫星通信系统的通信容量、转发器和各地球站的通道配置及通道的工作效率，以及对用户的服务质量，当然也关系到设备复杂程度。

信道分配的目的是为了尽可能提高系统资源的利用率，使分配给网中各站的通道数能随所要处理的业务量的变化而变化。使系统既不发生阻塞又不浪费通道。

5.2.2 常用的信道分配方式

目前常用的信道分配方式分类如下：

（1）预分配（PA）

1）固定预分配（FPA）：按事先规定，半永久性地分配给每个地球站固定数目的通道（如频率、时隙、地址码），各地球站只能用分给它的这些特定通道与有关地球站通信，其他站不能占用这些通道。

由于通道是专用的，故实施简单，建立通信快，不需要控制设备，缺点是使用不灵活，通道不能相互调剂，业务量较低时通道利用率低。系统设计时，如果按最大业务量来配置各个站的通道数，则要求转发器的通道数很多，正常业务量期间的利用率很低。若按平均业务量配置，则在繁忙时会造成呼叫损失，只有在网中各站业务量繁重，每个通道大部分时间都在工作时，效率才会高，这种制度适合于业务量大的情况。

2）按时预分配：事先知道各地球站间业务量随时间及其他因素作周期性变动时，可约定一天内通道分配几次，固定的调整。利用率比固定预分配高，但每时刻仍然是固定预分配，同样适用于大容量线路。

（2）按申请分配（或称按需分配 DA）

固定预分配的主要矛盾是业务量随机变化而通道的分配却是固定的，两者难以达到很好的匹配。对于业务量较小且地球站较多的卫星通信网，最好采用分配可变的制度，即卫星的通道不是或不完全是固定分配给各站专用的，而是根据地球站的申请临时分配为其使用，通话完毕又收归公用，通常称之为按申请分配或按需分配制（DA）。它是对固定预分配制的一种重大改进，优点是比较灵活，各站之间可以互相调剂通道，因而可用较少的通道为较多的站服务，这就基本上可以避免忙闲不均的不合理现象。在站多而业务量都较小的情况下，这种制度的通道效率是很高的。但是，为了实现按申请分配，要使用比较复杂的控制设备，并且一般要在转发器上单独开辟一专用频段作为公用传信通道（CSC），供各站申请、分配通道时使用。应指出，这种分配制度对 SCPC（每载波单路）、SCPB（每分帧单路）方式是特别适用的，因为每通道只传一路话，通话结束，通道就可以另行分配。

对于按申请分配的系统控制方式有三种。

1）系统采用集中控制方式：在该集中控制方式下，系统的通道分配、状态监测、计费、通话等均要通过主站来控制。从通信网的结构来看，这种控制方式是星状的。

集中控制方式的缺点就是：由于控制需要双跳实现，使卫星整体链路的利用率降低了一半，并且使用上也很不方便，故这种方式只用于一些专用系统。

2）系统采用分散控制方式：在分散控制方式下，通道的分配、状态监测、计费、通话等均以点对点为基础实现控制的，也就是各站之间可直接联系从而进行通话，而不需要经过主站。那么从通信网的结构看，这种控制方式是网状的。

3）系统采用混合控制方式：在混合控制方式下，系统中的通道分配、状态监测、计费主要由主站负责，而通话线路则不经过主站，主叫站和被叫站可直接通话。那么从通信网结构看，公共信令传输通道是星状结构，而语音通道是网状结构。

三种控制方式技术比较

1）从卫星通道的利用率来看，对于集中控制方式，可使用的卫星通道仅是分散控制方式的一半，通道利用率很低。

2）从使用灵活性来看，分散控制方式中，任何一地球站都可以自行选择通信地址和通道，使用最为灵活方便，建立起双向线路时间也最短。而集中控制和混合控制方式，任何两个地球站间沟通至少使用 4 次公共信令传输通道 CSC，因而加大了公共信令传输通道 CSC 的业务量，建立链路所需时间也相应增加了，集中控制方式需要的时间一般是分散控制方式的 2~3 倍，对用户来说也很不方便。

3）从系统工作的可靠性来看，集中控制及混合控制方式，全网连接工作均由主站负责，一旦主站发生故障，就会引起很大误差甚至全网瘫痪。而分散控制方式，由于不需要主站介入，任何一站瘫痪，不会影响到全网工作。

因此经过比较，分散控制方式，或者混合控制方式，系统效率最高。

（3）随机分配（RA）

随机分配是指网中各站随机地占用卫星通道。因为数据通信一般是间断地而不是连续地使用通道，且数据组发送的时间也是随机的，因而如果仍使用预分配甚至按申请分配，则信道利用率就很低。采用随机占用方式可大大提高信道利用率。

随机分配主要有三种：P-ALOHA（Pure-Additive Links On-line HAWAI）、S-ALOHA（Slot-Additive Links On-line HAWAI）和 R-ALOHA（Reservation-Additive Links On-line HA-WAI）。

1）P-ALOHA，即纯 ALOHA，是最早的也是最简单的竞争接入方式。在这种竞争方式中，若干地球站共用一个信道接入卫星，各地球站需要按照预先的规定给所发送的数据进行分组，当产生一个新分组后，终端会立即将它传输出去并期望不与别的分组发生碰撞。如果多个地球站发送的分组发生碰撞，则随机延时后重发（碰撞通过其他机制发现）。随着业务量的增多，发生碰撞的概率增大。碰撞次数增加导致重发次数增加，引发更多的碰撞，直至系统崩溃，出现不稳定现象。因此 P-ALOHA 最高的信道利用率为 18.4%，信道效率低。

2）S-ALOHA，即时隙 ALOHA，它把时间等间隔划分时隙，各站发送的数据必须落入其中的某一个时隙。S-ALOHA 减少了分组碰撞的概率，使系统最大吞吐率比 P-ALOHA 方式增加了 1 倍。

3）R-ALOHA，即预约 ALOHA。R-ALOHA 实现的基本思想是：地球站要发长报文时，首先向通信卫星申请预约，然后卫星分配给终端一段时隙，让其一次发送一批数据，其中卫星预约的申请可通过 S-ALOHA 来完成。因为卫星为用户长报文的传输分配了一段时隙，所以在传输过程中不会发生碰撞，与 P-ALOHA 或 S-ALOHA 相比，R-ALOHA 的信道吞吐率有较大的改善。

5.3 组网应用

卫星通信具有覆盖范围广、通信距离远的优点，凡是卫星覆盖区内的地球站均可通过卫星进行组网通信。

根据卫星通信系统地球站工作过程及连接关系，可以组成不同结构的卫星通信网，主要包括星状网、网状网和混合网。

5.3.1 星状网

星状网由一个中心站（主站）和若干小站（远端站）组成，主站承担业务转接、资源分配和网络管理等功能。

在星状网中，每个节点（小站）只能通过中心节点进行通信，如图 5-20 所示。

小站和主站间可以直接经过卫星进行通信，即单跳。也就是说单跳是信号只经一次卫星转发后就被对方接收，如图 5-21 所示。

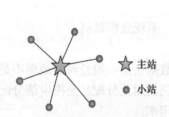

图 5-20　星状网拓扑图

图 5-21　星状网网络结构（单跳）

小站间不能经卫星直接进行通信，要经过主站来转发才能进行连接和通信（如图 5-22 中①→②→③→④的传输路径）。这样信号要经两次卫星转发后才被对方接收，称为双跳。

星状网的应用除了小站与主站单跳、小站与小站经主站双跳通信以外，还包括主站发送小站接收的单向广播，如民用的星状单向广播电视网和军事战场态势信息的广播分发网等，以及小站发送主站接收的信息采集，如民用气

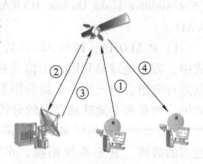

图 5-22　星状网网络结构（双跳）

象信息采集网和军事位置、情报信息采集网等。

随着低轨卫星星座的发展，出现了多星的星状网结构。如图 5-23 所示，两个星状网的中心通过地面网络互连。

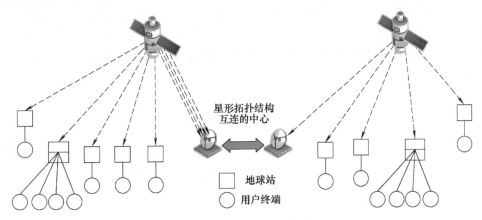

图 5-23　多跳卫星连接（多星多中心配置）

星状网中两个小站之间要进行通信，必须经过主站的转发，所以时延较大，无法满足一些对实时性要求高的通信系统。为了满足时延小的通信，地球站之间的组网又有网状网。

5.3.2　网状网

网状网的任意两个站之间都是单跳结构，可以直接进行通信，网状网适用于点对点的实时通信，如图 5-24 所示。

在一个网状网中，每个节点（地球站）可以和其他的任何节点通信，如图 5-25 所示。一个网状的卫星网络包含一组地球站，地球站之间通过卫星链路可以相互通信。但是网状网对每个地球站的发送功率和天线的尺寸有要求，所以网状网中的地球站相对于星状网来说尺寸大、成本高。

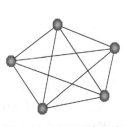

图 5-24　网状网拓扑图

图 5-25　网状网网络结构

星状网和网状网两者之间各有各的优缺点，为了将两者更好的结合，出现了混合网。

5.3.3　混合网

混合网是将星状网和网状网结合而成的一种网络结构，它主要有两种形式。

一种是如图 5-26 所示的树形结构，中间的骨干节点采用网状网，减少传输时延，好比在几个大城市的大型地球站之间进行大容量的业务传输，而每一个骨干节点向下又连接了若干小站，形成以骨干节点为中心的星状网，从而可以降低对小站的传输能力的要求。

另一种如图 5-27 所示的混合网结构，以主站为中心，主站负责对全网的监控、管理和资源分配，这样的控制链路构成星状网，而当在主站分配资源后，进行业务传输，尤其是进行实时的语音业务传输时，各站之间构成网状网，两两之间直接进行通信，减小传输时延。

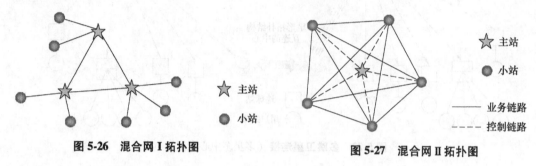

图 5-26　混合网 I 拓扑图　　　　　　　　　图 5-27　混合网 II 拓扑图

当星座卫星系统包含星际链路时，还有一种混合网结构，如图 5-28 所示。

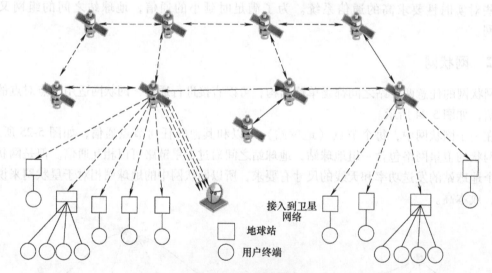

图 5-28　星际链路混合网

由于卫星之间的位置相对稳定，因此，可以将星座中的卫星连接在一起，形成一个空中网络。这样，只需要几个地球站就可以将所有卫星连接到网络中，实现从地面对空中卫星网络的访问。卫星能够直接与视线内的其他卫星进行通信，因此不需要经过多次星地链路跳跃，减少了星地之间的数据流量，这些流量都要占用有限的带宽资源。然而，为了支持星际链路，需要实现更复杂的星上处理、交换和路由过程，网络的拓扑结构也随着星座的移动不断发生改变。

在实际卫星通信系统的应用中，会根据优先级、业务类型、资源情况等，选择星状网、网状网或混合网。有时，也会根据情况的变化，动态配置网络结构。

习 题

1. 什么是多址接入？
2. 多址接入方式有哪些？分别是如何区分不同信号的？
3. 信道分配制度有哪些？
4. 请说明多址载波与单址载波的区别并举例。
5. 什么是输入补偿？什么条件下需要输入补偿？
6. FDMA 的特点是什么？
7. 非线性对 FDMA 有哪些影响？
8. 减小互调的措施主要有哪些？
9. TDMA 的特点是什么？
10. 什么是参考突发？
11. TDMA 帧结构中报头的作用是什么？主要包括哪几部分？
12. CDMA 的特点是什么？
13. CDMA 系统中对地址码的主要要求是什么？
14. CDMA 的同步包括哪两个阶段？分别起什么作用？
15. CDMA 为什么具有抗窄带干扰能力？
16. 卫星通信网络通常有哪几种网络结构？

第6章

军事卫星通信系统

6.1 概述

卫星通信具有距离远、容量大、可靠性强和机动灵活等优点，在联合作战移动通信、越洋及跨海通信、大范围战场态势信息发布、快速重构野战通信等情报信息快速采集和分发方面能发挥重要作用，已成为军事大国部署全球军事通信系统的一个重要组成部分。

通过近几十年的发展，军事通信卫星都采用了最新的技术以提高通信对抗能力，有研究指出主要包括以下几个方向：

（1）军事卫星通信的体系结构设计

对军事卫星通信的体系结构进行优化设计，考虑不同的用户需求及层次结构，进行分层设计，使军事卫星通信网络具备网系对抗能力。

（2）数字信道选择技术

使用数字信道选择技术，实现不同频段的相互连接，用户可以高效地利用转发器带宽资源，提高资源利用率。信号可从一个频带切换到另一个频带，可灵活实现任何一个覆盖区域内的互连互通，用户同时使用不同频段，具有更大的灵活性和连通性。支持多点传输和广播业务，为网络控制提供有效的上行链路频谱监控功能。

（3）相控阵天线

相控阵天线具有赋形和改变覆盖区域大小的能力，可以根据用户业务需求及所处位置，提供覆盖区域的波束形成。此外，将波束形成和干扰源的方向估计结合起来，可以有效抑制干扰。

（4）星上载荷可重构技术

采用软件无线电技术，根据应用需求对星上载荷进行重构，提高星上设备的抗毁能力。

（5）先进的抗干扰技术

为了提高军事卫星通信的抗干扰能力，可采用以下先进技术：波形设计、上行链路和下行链路均采用跳频、零点控向天线、波束成形、相控阵天线、星上处理技术、星间链路技术及抗干扰通信协议。

（6）抗截获通信技术

军事卫星通信要求具备抗截获能力，在保证己方信息传递的同时，不被敌方截获，需要对波形进行低截获设计，增加敌方检测信号的难度。

（7）激光通信链路

激光通信可以提供更大的传输容量，常用于星间链路。激光通信对指向、捕获、跟踪有较高的要求，可以提高链路抗干扰能力。

（8）雷达和通信波形的一体化设计技术

对卫星通信和雷达信号波形进行一体化设计，采用 OFDM 技术，部分子频段用于发射雷达信号，而另外的子频段用于发射通信信号，根据需求动态调度资源。

（9）军民融合技术

将商用通信技术应用于军事卫星通信，包括先进的商业卫星制造技术以及地面商用通信系统的先进技术，推动军事卫星通信系统的发展。

下面将重点分析国外军事卫星通信发展的现状。

6.2　美国典型军事卫星通信系统

美国的军事卫星通信系统结构复杂、功能先进、造价不菲，代表了当今军事卫星通信系统的最高水平和最新发展趋势。随着军事卫星通信在作战中的应用日益广泛，美国在现役军事通信卫星的作战使用基础上，针对存在的问题和未来的军事需求，全力构建新一代的军事卫星通信系统。

当前，美国军事卫星通信系统由提供低速战术业务的窄带卫星通信系统、提供高速业务的宽带卫星通信系统和提供受保护业务的受保护卫星通信系统等三大系统组成，如图 6-1 所示。同时，美军还大量利用商业卫星通信系统，提供所需的卫星通信业务，以满足不同作战条件下各种战略战术的需求。本章将分别介绍这三类军事卫星通信系统的典型代表及其基本情况。

6.2.1　MUOS 卫星通信系统

窄带卫星通信主要为全球战术通信服务，包括为美军提供紧急通信、战区内通信、情报广播和战斗网无线电的距离扩展等服务。窄带卫星通信系统工作于 UHF、L 和 S 频段，终端可以使用小型便携天线工作，成本低、体积小、重量轻。因此，能够在移动中、在孤立区域、在植被茂盛区域和不利天气条件等情况下为用户提供可靠通信。

目前美军使用的窄带卫星通信系统主要有特高频后继卫星通信系统（UFO, Ultra High Frequency-follow-on Satellite Communication System）和移动用户目标系统（MUOS, Mobile User Objective System）。UFO 卫星星座可提供全球覆盖，是支持战术部队的主要军事卫星通信星座。目前美军正在用 MUOS 替代逐渐老化的 UFO。下面将对 MUOS 进行介绍。

6.2.1.1　系统概述

MUOS 是美国国防部正在积极建设的新一代窄带卫星通信系统，也是美国国防部全球信息栅格网络计划的核心组成部分，该系统旨在弥补在多样化作战环境下，老旧窄带军事卫星

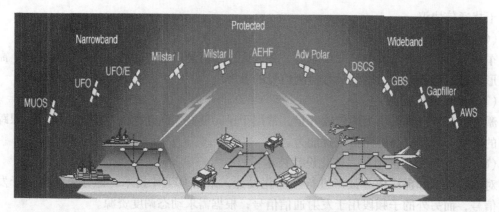

图 6-1　美国军事卫星通信系统组成示意图

Narrowband：窄带卫星通信系统；MUOS：移动用户目标系统；UFO：特高频后继卫星通信系统；

UFO/E：特高频后继卫星通信系统/EHF 频段部件；Protected：受保护卫星通信系统；

Milstar Ⅰ：美国第一代军事卫星；Milstar Ⅱ：美国第二代军事卫星；AEHF：先进极高频系统；

Adv Polar：先进极地卫星；Wideband：宽带卫星通信系统；DSCS：国防卫星通信系统；

GBS：宽带广播服务；Gapfiller：填隙星；AWS：先进宽带卫星。

通信系统显示出的容量不足和抗干扰能力差的问题。MUOS 在兼容原有 UFO 的基础上，采用了商业通信新技术以及新的波形和信号算法，采用星地一体化传输设计，使得 MUOS 的能力比之前的 UFO 有了很大的提升。

MUOS 是世界上第一型采用了商用 WCDMA 技术的窄带军事卫星通信系统，卫星设计寿命 15 年，能覆盖南北纬 65°之间的广大范围，其作为 UFO 的延伸，通过星载多波束天线实现类似地面蜂窝式移动通信系统的覆盖，支持语音、数据或语音数据混合的通信业务，传输速率 2.4~384kbit/s，还支持通过关口站接口与全球信息格栅的信息系统网络（DISN）业务连通。MUOS 可以实现支持以网络为中心的通信系统的全 IP 核心业务。

MUOS 频率的使用具体安排如下：

1）UFO：上行链路 290~320MHz，下行链路 240~270MHz。

2）WCDMA 用户链路：上行链路 300~320MHz，下行链路 360~380MHz。未来 MUOS 上行链路 280~300MHz，下行链路 340~360MHz。

3）Ka 频段馈电链路：上行链路频率为 30~31GHz，下行链路频率为 20.2~21.2GHz。

4）星间链路（ISL）：MUOS 星间链路采用 60GHz 的光通信。

UHF 上行链路、卫星和 Ka 频段下行链路共同构成用户到基站（U2B，User-to-Base）链路；Ka 频段上行链路、卫星和 UHF 下行链路共同构成基站到用户（B2U，Base-to-User）链路。为了增强系统的稳健性，MUOS 设计时，每颗卫星覆盖两个 RAF（Radio Access and Switching Facility），且一个 RAF 被两颗卫星覆盖。在系统工作量的约束下，为了提高容量，RAF 应尽量将工作量均匀分散到每个卫星波束，同时卫星也应将工作量均匀分散到每个 RAF。

MUOS 的基本通信流程如图 6-2 所示，包括 6 个阶段：

1）MUOS 终端通过 UHF 上行链路向卫星发送信号。

2）卫星接收信号后，经过变频放大通过 Ka 频段下行馈电链路传送到 RAF。

3）RAF 将信号解调、译码后，传送到最近的交换设备。

4）交换设备将信号路由到 DISN（与其他网络通信时）或者与目标用户处于同一卫星覆盖区的 RAF。

5）RAF 通过 Ka 频段上行馈电链路将该信号发送到覆盖此 RAF 的卫星。

6）卫星将接收到的信号下变频到 UHF 频段，通过 UHF 下行链路将信号发送至目标用户。

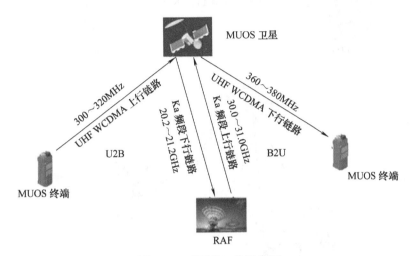

图 6-2　MUOS 工作示意图

具体而言，MUOS 分为同一颗卫星覆盖终端之间的通信和不同卫星覆盖终端之间的通信，如图 6-3 所示。

这种用户直接上行—卫星中继—目标用户下行的通信模式比传统的卫星通信单跳的方式更加复杂和烦琐，但也是 MUOS 的优越之处，这种星地一体化传输设计不但大大提高了整个卫星通信系统的抗干扰和抗毁能力，而且能够进行动态资源规划和分配，更灵活的高优先级用户授权。

6.2.1.2　系统组成

MUOS 可分为空间段、控制段和地面段。空间段包括 5 颗地球同步轨道卫星；地面段主要包括位于夏威夷（155°W）、美国弗里尼亚（75°W）、意大利西西里（15°E）和澳大利亚杰拉尔顿（115°E）的 4 个地面站，作用是控制卫星、传输和管理用户语音和数据业务，连接至美国国防信息系统网（DISN）以及管理和控制通信资源；地面段由各种用户终端组成。MUOS 体系组成结构和各部分功能如图 6-4 所示。

（1）空间段

MUOS 空间段由 5 颗地球同步轨道卫星组成的星座构成，其中包括 4 颗业务卫星和 1 颗在轨备用卫星，备用卫星可随时漂移到有需要的地区，增加该地区信道数。计划轨位如图 6-4 所示，第 1 颗 MUOS 卫星定位于东经 72°（印度洋），可覆盖朝鲜和西南亚两个地区，将增加传统用户的通信容量和频谱可用性；第 2 颗 MUOS 卫星定位于西经 177°（太平洋），可加强对朝鲜的覆盖，并将覆盖范围扩大至太平洋地区；第 3 颗卫星定位于西经 15.5°，可加强对西南亚地区的覆盖，并将大西洋包括在内；第 4 颗卫星定位于西经 100°，主要覆盖美国

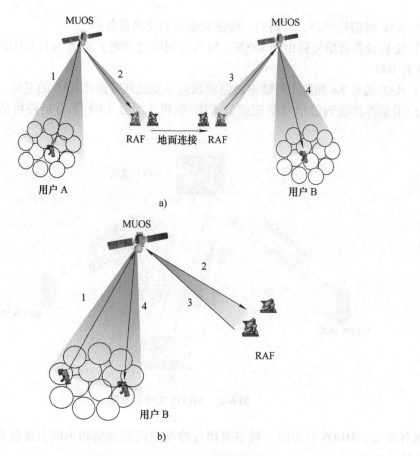

图 6-3　不同终端之间的通信模式

a）不同卫星覆盖终端之间的通信　　b）相同卫星覆盖终端之间的通信

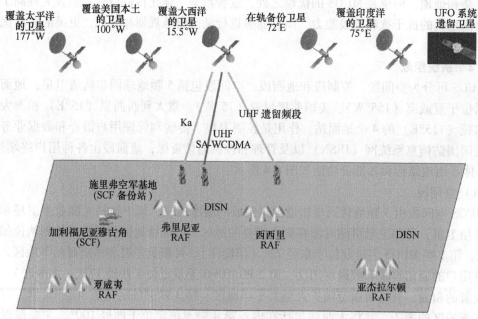

图 6-4　MUOS 系统组成

本土，备用星定位于东经 75°（在俄罗斯的上空）。但实际中目前的卫星位置见表 6-1 和如图 6-5 所示。

表 6-1　MUOS 卫星实际位置

MUOS 卫星	近地点高度/km	远地点高度/km	倾角/(°)	星下点经度
1	35541.3	36047.2	3.3	177°W
2	35558.0	36030.5	3.8	120（100）°W
3	35579.3	36009.1	4.2	35（15.5）°W
4	35559.9	36028.6	4.5	72°E

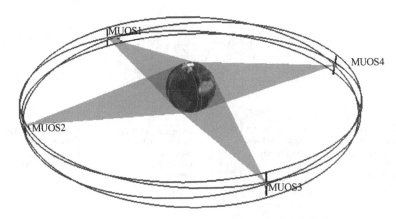

图 6-5　MUOS 卫星实际位置及其覆盖区域示意图

　　MUOS 卫星由洛克希德·马丁公司（Lockheed Martin Space Systems Company）研制，加满燃料后，每颗 MUOS 卫星质量达 6.74t，设计寿命 15 年。图 6-6 给出了 MUOS 卫星在空间展开后的示意图。

　　MUOS 卫星采用 A2100 平台，质量约 3100kg，功率 10kW，配置了两种类型的转发器：一种是为了兼容第一代特高频后继星的弯管转发器；另外一种是处理转发器，星上可以进行处理转发，允许上行、下行链路波束的自由选路，通过自适应信号处理提高链路性能，灵活分配信道，提高频率利用率和传输质量来增加卫星容量，并且将去复

图 6-6　MUOS 卫星在空间展开后的示意图

用、波束成形、解调和译码都采用专用集成电路。同时，有两副天线，尺寸分别为 14m 和 5m（1.2m），分别为新型的 WCDMA 终端和遗留的 UFO 终端服务。每颗卫星的覆盖区域是通过 16 个固定的点波束来实现，每个波束复用 4 个 5MHz WCDMA 射频载波。

　　（2）控制段

　　MUOS 系统的地面控制段由 4 个地面站组成，分别坐落于夏威夷、美国弗里尼亚、意大

利西西里和澳大利亚杰拉尔顿，彼此通过地面光纤连接，除了进行卫星星座日常管控之外，还包括地面传输、网络管理、地面设施管理等，共同承担用户的语音和数据传输相关的业务，如图 6-7、图 6-8 所示。MUOS 系统是一个星形网络，各终端与卫星通过 UHF 频段进行连接，卫星与地面控制站通过 Ka 频段连接，所有终端到终端之间的用户通信都通过 MUOS 的地面通信网络实现。

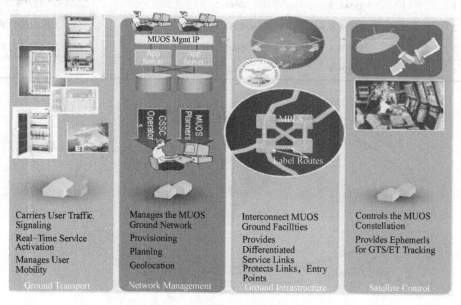

图 6-7 MUOS 地面站功能

Ground Transport：地面传输；Carriers User Traffic，Signaling：用户流量，信令；Real-Time Service Activation：实施服务激活；Manages User Mobility：管理用户移动性；HSS（Home Subscriber Server）：归属签约用户服务器；RNC（Radio Network Control）：无线网络控制器；RDS（Relational Database Service）：关系型数据库服务；GGSN（Gateway GPRS Support Node）：网关 GPRS 支持节点；ET：交换终端；Network Management：网络管理；Manages the MUOS Ground Network：管理 MUOS 地面网络；Provisioning：供应；Planning：规划；Geolocation：位置管理；MUOS Mgmt IP：MUOS 的 IP 管理；APP Server：应用服务；GSSC（Ground System Service Control）Operator：地面系统服务控制操作员；MUOS Planners：MOUS 规划师；Ground Infrastructure：地面基础设施；Interconnect MUOS Ground Facilities：互连 MUOS 地面设施；Provides Differentiated Service Links：提供差异化的服务链接；Protects Links，Entry Points：保护链接，入口点；MPLS（Multiple Protocol Label Switch）：多协议标签交换；Label Routers：标签路由器；Satellite Control：卫星控制；Controls the MUOS Constellation：控制 MUOS 星座；Provides Ephemerls for GTS/ET Tracking：提供星历表进行 GTS/ET 跟踪。

（3）地面段

地面段的组成多样，包括各种机载、舰载、人工背负式、手持式移动和固定终端。MUOS 兼容原有的 UHF 终端，新开发的 MUOS 终端与联合战术无线电系统体系结构保持一致，通常只需在原终端中嵌入 MUOS 波形即可作为 MUOS 终端通信。MUOS 为用户提供了两种服务方式，分别是全双工的点对点通信业务和半双工的群组通信业务，支持的业务类型有语音、数据和混合语音数据。群组通信业务提供一个群组内多个用户间的网状通信，需要预先计划。点对点通信业务类似于商业的蜂窝电话，不需要预先计划，通信的发起只需简单的拨一个号码，就可以与 MUOS 系统用户或者其他与之相连的系统（如 DISN 等）用户间建立呼叫。

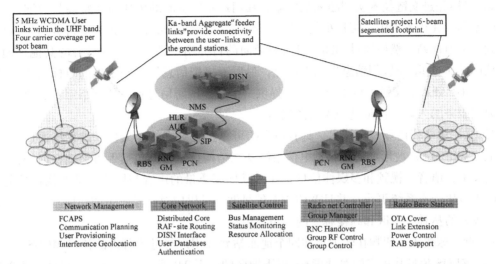

图 6-8　MUOS 网络结构示意图

NMS（Network Management System）：网络管理系统；HLR（Home Location Register）：归属位置登记处；AUC（Authentication Centre）：鉴权中心；SIP（The Session Initiation Protocol）：会话启动协议；RBS（Radio base station）：基站；RNC（Radio Network Controller）：无线网络控制器；GM（Gateway management）：路由管理；PCN（personal communication network）：个人通信网；5MHz WCDMA User links within the UHF band. 用户链路是 UHF 频段，且带宽为 5MHz，采用 WCDMA 方式接入卫星；Four carrier coverage per spot beam. 每个点波束有四个载波；Ka-band Aggregate "feeder links" provide connectivity between the user-links and the ground stations. 用户链路和地面站之间的"馈线链路"是 Ka 频段；Satellites project 16-beam segmented footprint. 每颗卫星有 16 个固定的点波束。Radio Base Station：无线电基站；OTA Cover：空中下载（OTA，Over The Air）覆盖；Link Extension：链接扩展；Power Control：功率控制；RAB Support：无线接入承载（RAB，Radio Access Bearer）支持；Radio Net Controller/Group Manager：无线电网络控制器/组管理器；RNC Handover：无线网络控制器（RNC，Radio Network Controller）切换；Group RF control：组射频控制；Group Control：群组控制；Satellite Control：卫星控制；Bus Management：总线管理；Status Monitoring：状态监控；Resource Allocation：资源分配；Core Network：核心网；Distributed Core：分布式核心；RAF-site Routing：无线电接入设备（RAF：Radio Access Facility）站点路由；DISN Interface：国防信息交换网（DISN，Defense Information Switched Network）界面；User Database：用户数据库；Authentication：认证方式；Network Management：网络管理；FCAPS：（Fault，Configuration，Accounting，Performance and Security）错误、配置、计账、性能和安全；Communication Planning：通信计划；User Provisioning：用户配置；Interference Geolocation：干扰定位。

除此之外，对于通话，还会针对不同的用户给予不同的优先级，以保证在业务量大和信道条件较差时重要用户的通信。

6. 2. 1. 3　系统特点

MUOS 系统设计的总体目标是：能为美军及其盟国作战人员提供包括连网、点对点和移动等形式的、覆盖全球的超视距通信以及联合互操作能力，满足运动中作战人员对覆盖、容量、接入能力，以及控制、互操作、服务、动中通信和有效性的要求，维持现行窄带通信的性能和有效性。系统具备以下特点：

1）良好的兼容性。该系统仍然使用 PSK 类调制方式，与"特高频后继星"终端完全兼容，能与美军现役或在研的部分通信电台联络，从而能保障美军多军种联合作战顺利进行，这不但能提高美军方的通信可用性，而且将最大限度地发挥美军未来联合战术无线电系统终端的全部特性能力。

2）采用先进交链技术实现超视距传输。其用户间信息流的传递与"特高频后继星"有很大的不同。在该系统中，用户把信息发到卫星上后，卫星通过 Ka 频段下行链路把该信息转发到一个地面站，然后通过判断信息所要通向的目标用户把其转发到适合的其他地面站，再有地面站通过 Ka 频段把信息发到卫星上，最后卫星把信息发送到正确的目标用户，从而实现 Ka-UHF 频段的交链。该卫星系统还提供一个选择国防信息资料的网络服务、语音服务以及数据服务的入口，这是过去无法做到的。

3）采用第 3 代商业蜂窝技术，具有更高的可靠性和更好的接入性。该系统通过宽带码分多址（WCDMA）波形和通用移动电信系统基础结构技术，向包括手机终端在内的其他终端传送文本、语音、视频和多媒体信息，并可以把高质量的声音与同步移动图像连接起来，在速度上也比现有系统更快；并且 WCDMA 信号波形可以应对比较恶劣的环境，包括电离层闪烁、茂密的丛林、山区和高楼林立的城市环境。

4）近全球覆盖：四颗在轨卫星和四个地面站允许用户与世界各地的任何 MUOS 终端用户通信，MUOS 超过其预定的对纬度 65°以下地区的全天 24h 覆盖，实际在北半球可覆盖 77°以下区域。

5）适应能力更强。MUOS 系统的波长特性使得它能够穿透障碍物，或者在恶劣气候等环境下工作。它不但能够提供数据速率更高、容量更大、连接更稳定的语音和数据服务，而且可以被用在美国海军的远程传感器、单兵背包以及手持终端上，提高小型终端的通信能力和连通水平。

6）具有更强的抗干扰能力。其多个点波束的方式可以避免"特高频后继星"采用全球波束容易受到任何地区的上行干扰问题，通过多个点波束覆盖不同的作战区域，能实现不同区域的作战单元采用多个波束进行通信，降低敌方的单一作战平台对通信系统的干扰。同时，MUOS 系统的多个点波束指向不同区域，可以利用卫星监测设备发现某一波束内的干扰信号，通过调整波束指向避开干扰源所处的区域，提高系统的抗干扰性能。此外，该系统还充分利用商用通信先进技术，在兼容"特高频后继星"工作方式下，综合运用频分多址、时分多址和码分多址的技术体制，极大地提高了系统的通信性能。

6.2.2 WGS 卫星通信系统

美国的宽带卫星通信系统不但为普通用户提供语音以及数字通信系统提供距离扩展，同时也为美国政府，战略级、战术级等一系列用户提供支持，包括白宫、各军兵种、美国国务院、联合特遣部队及其他政府机构。宽带系统工作在 3～30GHz 的 SHF 频段，包括 S、C、X、Ku 以及 Ka 等频段。

目前美国军事卫星通信的宽带业务主要由国防卫星通信系统（DSCS, Defense Satellite Communications System）、宽带全球卫星通信系统（WGS, Wideband Global SAT COM System）和全球广播业务（GBS, Global Broadcast Services）提供。其中 DSCS 为美军过去主要使用的宽带卫星通信系统，近些年已逐渐被 WGS 取代，只发挥备份、补充的作用。而 GBS 是一种高度单向广播通信服务，没有独立空间段，使用美军 UHF 后续星（UFO）和 WGS 卫星，并用美国及其他国家的 Ku 及 Ka 频段卫星作为补充。随着美军 WGS 卫星逐渐部署完成，GBS 的空间段会逐步转移到 WGS 卫星上。下面将主要介绍美军的 WGS 宽带卫星通信系统。

6.2.2.1　系统概述

20 世界 90 年代,由于美军在全球的作战需求有了大幅增长,特别是美军在伊拉克和阿富汗战争中的大规模部署,对卫星通信需求快速增长,此外无人机、无人战斗飞行器所产生的通信需求也刺激了这种需求的急剧增长。而美国当时正在服役的 DSCS 数据传输速率仅为 0.25Gbit/s,远远不能满足需求。因此,美国国防部于 1997 年 8 月提出了新一代宽带卫星通信 WGS 计划,最初 WGS 指的是“宽带填隙卫星”(WGS, Wideband Gap Filler Satellite)的概念,用于扩充和替换现有 DSCS-3。2007 年 1 月,美军将该计划重新命名为“宽带全球卫星通信系统”(WGS, Wideband Global SAT COM System),将其地位从填隙卫星提升为军事卫星通信骨干,为美国全球军事行动的每个战区提供宽带通信服务。

从表 6-2 数据中可以看出,WGS 较现有系统技术更先进、能力更强、容量更大,每颗 WGS 卫星的带宽是 DSCS-3 的 12 倍,两者差别相当于宽带上网和拨号上网,能以更高数据速率向作战人员提供更快、更有效的交换信息,而且运行十分灵活,可提供其他军事卫星通信系统所不能提供的许多重要作战特征。WGS 为美国海外军事行动提供重要支持,这对美国军事卫星通信具有重要的影响,能使美国及其盟国的军事卫星通信能力产生巨大的飞跃。

表 6-2　DSCS-3 与 WGS 的通信能力比较

用　户	DSCS-3	WGS
空中分派任务命令（1.1Mbit/s）	5.7s	0.4s
视频图像（8in×10in, 24Mbit/s）	2min	9s
雷达图像（全球鹰, 120Mbit/s）（SBR, 1Gbit/s）	20min 83min	45s 6.4min
无人机	没有服务	可同时以 137Mbit/s 与 8 架无人机通信

注：in＝0.0254m。

WGS 旨在为美军作战部队提供宽带通信服务,主要任务包括提供超高频宽带通信业务、Ka 频段 GBS 业务。WGS 星座可为作战人员提供北纬 75°至南纬 65°范围内 24h 连续不间断的卫星宽带通信业务。WGS 支持多种网络拓扑结构,包括广播中枢辐射、网状和点对点的连通。

WGS 的主要应用如下：

（1）战场应用

WGS 的战场应用主要包括为驻阿富汗、伊拉克和西南亚其他地区的美军提供作战通信支持;为“全球鹰”“捕食者”系列无人机提供安全、实时链接;支持战术级作战人员信息网。

（2）无人机

全球反恐作战网由东经 175°的 WGS-1、东经 60.5°的 WGS-2 和东经 21.5°的 Eutelsat-W6 卫星组成,覆盖西起德国兰德斯图驻德美军国防网络中心、东至韩国和夏威夷瓦西阿瓦的广大地区。该网络为美军无人作战终端提供了安全数据链路。

（3）为澳大利亚国防部服务

2007 年 11 月澳大利亚与美国达成了为 WGS-6 卫星出资换取 WGS 使用权的协议,旨在解决澳大利亚军队在全球军事行动和应急行动中卫星通信能力严重不足的问题。

美军于 1997 年提出了宽带填隙卫星的概念，该计划于 2001 年 1 月选择波音公司为主承包商进行研制，并计划建造 5 颗业务卫星和 1 颗备份卫星，在 2007 年 1 月，美军将该计划更名为宽带全球卫星通信系统。在 2009 年美军取消了下一代宽带卫星通信系统 TSAT 的研制计划，使 WGS 计划得到了大幅度扩张，卫星数量增加到 10 颗。

6.2.2.2 系统组成

WGS 由空间段、控制段和地面段组成。空间段包括多颗卫星；控制段主要用于控制卫星、传输和管理用户业务，以及管理和控制通信资源；地面段由各种用户终端组成。

（1）空间段

WGS 卫星均由美国波音公司研制，采用波音-702 大功率卫星平台。每颗卫星造价为 3.5 亿美元，设计寿命 14 年，功率 13kW，质量约为 6t，卫星如图 6-9 所示。

WGS 卫星运行在对地静止轨道，轨道周期约为 24h。WGS 具有入轨子系统，为入轨和执行任务装载了充足的燃料。在寿命末期，剩余的燃料可以将卫星推入到比对地静止轨道高 300km 的废弃轨道。

WGS 卫星不仅能提供双向 Ka 频段信号，而且能提供 X-Ka 频段和 Ka-X 频段跨频连通，用户之间能高效地使用卫星带宽进行交流，提高了宽带的利用率。目前，使用了 20 年之久的 DSCS 只能提供单向 Ka 频段信号，而 WGS 可提供双

图 6-9　WGS 卫星外形

向 Ka 频段信号。该星还能"跨频"传输，让通信者同时使用 X 和 Ka 这两个频段。此功能对军队意义重大，它可使拥有 X 频段终端的指挥官与另一个拥有 Ka 频段终端的指挥官对话，让战地部队具有更大灵活性、更强作战能力和连通性。

WGS 卫星采用了若干新技术。例如氙离子推进系统、三接头砷化稼太阳电池和带有软热管的展开式散热器等。氙离子推进系统的效率比常规的双组元推进剂系统高 10 倍。

（2）控制段

控制段主要用于控制在轨的卫星，包括监控卫星的姿态状况，提供通信系统的计划和监测通信等。

WGS 卫星控制可以通过 X 频段和 Ka 频段星地链路来完成，由不同军种的有关部门共同承担。其主要控制机构为陆军宽带卫星运行中心和空军卫星运行中心。卫星运行控制则由空军负责，使用一体化的指挥与控制系统。一体化的指挥与控制系统是正在开发的支持所有现在的与未来的军事通信卫星星座的一体化指挥与控制系统，它将取代目前所使用的空军卫星控制网络。

WGS 卫星和地面控制系统比 DSCS 智能化程度更高，所以容易运行和维护，大大降低了对人力需求和其他的全寿命期费用。它能自动识别问题并寻找产生问题的根源，而无须操作人员告诉它如何调整自己。指令输入方式也与现在使用的不同，命令都是预先设定好的，不必用手敲入。预先设定命令减少了卫星操控中人为失误的风险，这意味着完成同样工作只需更少的操作人员和更短的时间。在使用 DSCS 的时候，要专门设置两个人确认每一条命令，但使用 WGS 的时候，其命令会被自动检查，操作人员可事先确认它们将如何执行。

（3）地面段

WGS 地面段由一系列工作在 X 和 Ka 频段的地面卫星终端组成。这些终端主要是战略通信终端，且与现役 DSCS-3 终端是相互兼容的。WGS 终端用户主要有美国国防通信系统、陆军地面机动部队、空军机载终端、海军舰艇、白宫通信局、核力量指挥所以及澳大利亚陆军和其他盟军等。

在 WGS 与现有的 DSCS 和 GBS 的用户终端兼容的基础上，美军还向多家公司订购了一批新的 WGS 卫星终端。例如，向 Titan 公司订购了一种新的 Ka 频段地面终端——KaSAT，这是一种轻型移动式战术军事卫星通信小型终端系统，上行链路频率为 30~31GHz，下行链路频率为 20~21GHz。另外，美国陆军还将采购军事多频段/多模式集成卫星终端，它能提供高达数兆每秒的移动通信容量。

6.2.2.3　系统特点

WGS 是美军有史以来功率最大、容量最大的宽带军事卫星通信系统。一颗单星的容量就超过现役的 DSCS。WGS 卫星采用了诸多先进技术，能力水平有了显著提高，一些新技术在军事卫星通信领域尚为首次使用。

1. 卫星平台使用氙离子推进系统，有利于卫星轨道机动

WGS 卫星采用了氙离子推进的波音 702HP 卫星平台，是首个采用氙离子推进系统的军事卫星通信系统。氙离子推进系统的效率比常规的双组元推进剂系统高 10 倍，4 个 25cm 的推进系统就可以在转移轨道运行期间消除轨道离心率，有利于轨道机动与轨道维护。此外，WGS 卫星的展开式散热器可为有效载荷提供凉爽稳定的环境，从而提高部件的可靠性与稳定性。

2. 相控阵天线

WGS 卫星携带可形成点波束的相控阵与抛物面天线。WGS 的 13 副天线中有 12 副可形成可控点波束，共形成 19 个可控点波束，具备向不同区域提供不同覆盖需求的能力。

相控阵天线是由辐射单元排列而成的定向天线阵列，各辐射单元相位关系可控，天线阵列利用移相器控制每个辐射单元的信号相位，从而改变整个天线阵列信号在空间的叠加加强方向，从而实现波束的电子扫描，也相应地改变了波束的形状。

用机械方法旋转天线时，惯性大、速度慢，相控阵天线克服了这一点，波束扫描速度高。它的馈电相位一般用电子计算机控制，相位变化快（ms 级），即天线方向图最大值指向或其他参量变化迅速，这是相控阵天线最大特点。在天线体积和重量很大的情况下，应用相控阵天线比较方便。

WGS 的 X 频段相控阵天线代表了当今美国最先进的空间阵列技术。每副天线都是一个多波束有源阵列，具有在轨波束形状调整与操作能力，而且每副天线可形成 8 个任意形状和尺寸的独立波束。接收天线阵列（上行链路）可同时对卫星覆盖范围内分散和集中的卫星通信用户终端提供支持。为了满足需要，接收天线阵中的每一个波束都将分别服务于不同地理范围，并通过频率复用为指定地理范围提供最大带宽。

3. 数字化信道的柔性转发技术

在美军 WGS 卫星中，信道化处理过程在数字域进行，其对应的有效载荷部件称为数字信道化器。WGS 卫星上的数字信道化器所进行的星上处理交换，既不同于一般的透明转发器（只对信号进行滤波、变频、放大），又不同于处理转发器（对信号进行解调、再调制等处理）。大量文献表明，WGS 卫星上采用的数字信道化器是一种新型的数字信道化转发交换结构，是一种透明的数字处理转发器，它不仅能够完成对上行信号的滤波、变频、放大（X 频段和 Ka 频段互连互通），而且还能够在数字域对信号进行处理交换，但并不对信号进行解调、解码、再调制、再编码等再生处理。该类型转发器结构把透明转发器与处理转发器的优点结合起来，使 WGS 卫星既具有透明转发器适应性强的优点，同时又具有处理转发器灵活性高的优点。与透明转发卫星相比，透明数字弯管转发器具有：提高了频谱利用率；能够适应地面业务量分布的变化等优点。

数字信道化有效载荷与传统的透明转发器不同：传统透明转发器仅仅对上行信号进行滤波、变频和放大，并不对信号进行处理交换等过程，如图 6-10 所示。数字信道化有效载荷与再生式处理转发器也不相同：再生式转发器要对信号进行解码、解调处理，恢复出原始信号流，转发器对其进行一定处理后，重新编码、调制、放大后送入下行信号，如图 6-11 所示。而数字信道化有效载荷在数字域内对信号进行处理，交换前后并不对信号进行编译码和解调调制，实现方式更加灵活，如图 6-12 所示。

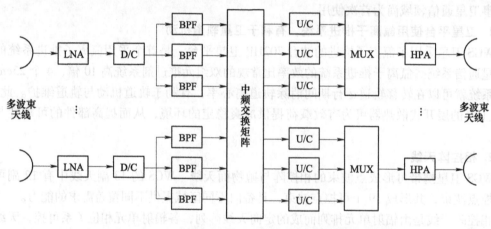

图 6-10　透明弯管式有效载荷信号交换过程示意图

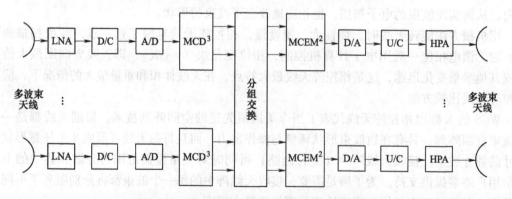

图 6-11　再生式有效载荷信号交换过程示意图

6.2.3　ΛEHF 卫星通信系统

受保护卫星通信系统具备抗干扰、抗闪烁、低截获率和低检测率等能力，其重点是抗干

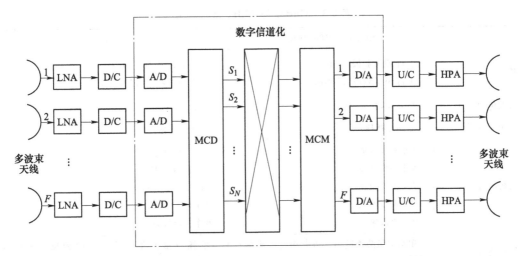

图 6-12 基于数字信道化的柔性转发有效载荷信号交换过程示意图

扰、隐蔽和核生存,使用的是高定向性点波束、扩频及跳频等技术。在竞争及敌对环境中,宽带系统性能会降级,而受保护的卫星通信则仍可正常工作(数据速率会降低)。这些独特的能力使得受保护卫星通信系统非常适合最关键的战略级部队以及任务指挥。

美军的受保护卫星通信系统工作于 EHF 及 SHF 频段(上行链路 EHF、下行链路 SHF),可进行低数据速率(LDR,Low Data Rate)、中数据速率(MDR,Medium Data Rate)和扩展数据速率(XDR,Extended Data Rate)运行模式通信。由于卫星设计的固有特性,受保护卫星通信的吞吐量要小于宽带卫星通信。从军事星(Milstar)第一代、第二代到第三代先进极高频(AEHF,Advanced Extremely High Frequency)卫星,共发展了三代受保护军事通信卫星。随着 AEHF 的逐渐部署,Milstar 将最终被 AEHF 卫星所取代,下面主要介绍美军的AEHF 系统。

6.2.3.1 系统概述

AEHF 卫星通信系统是美军的第三代军事星系统,能够比前两代军事星提供更大的容量和更高的数据传输速率。AEHF 系统能有效提供实时的视频、战场地图和目标数据等的通信,为美国的战略和战术力量在各种级别的冲突中提供安全、可靠的全球卫星通信能力,是美国军事卫星通信体系的重要组成部分,为陆军、空军、海军、特种部队、战略导弹部队、战略防御、战区导弹防御和空间对抗等服务。

Milstar 一代和二代系统可提供 LDR 业务(75~2400bit/s)和 MDR 业务(4.8kbit/s~1.544Mbit/s)。相对于 Milstar,AEHF 卫星增加了新的更高速率的数据传输模式 XDR,卫星能够覆盖南北纬65°间的广大地区,用于战术通信数据速率是 8.192Mbit/s,用于战略通信的数据速率是 19.2kbit/s。

在 EHF 频段下,Milstar-1 系统的总通信容量为 75kbit/s,Milstar-Ⅱ为 100Mbit/s,而 AEHF 可以超过 1Gbit/s。Milstar 中的星间链路通信速率为 10Mbit/s,而 AEHF 中的可以达到60Mbit/s。

与前两代军事星不同的是,AEHF 卫星将能够支持动中通。强大的"动中通"能力是AEHF 卫星最大的亮点,能够为战斗机提供高速宽带通信,具体见表 6-3。

表 6-3　Milstar 与 AEHF 系统对比

	Milstar（LDR&MDR）	AEHF
频率	上行 EHF 频段（44GHz） 下行 SHF 频段（20GHz）	上行 EHF 频段（44GHz） 下行 SHF 频段（20GHz）
数据传输速率	75bit/s～1.544Mbit/s	75bit/s～8.192Mbit/s
系统安全	点到点跳频	点到点跳频
天线覆盖	1 个全球波束 5 个捷变波束 2 个窄波束和一个宽点波束 2 个调零波束 6 个点波束	1 个全球波束 4 个捷变波束 24 个时间共享点波束 2 个调零波束 6 个驻留波束
星间链路	单颗卫星两条链路（方向相反）速率为 10Mbit/s	单颗卫星两条链路（方向相反）速率为 60Mbit/s，能兼容 Milstar

6.2.3.2　系统组成

AEHF 系统非常灵活，能够满足各种独立作战环境的通信需求，且能通过重构，满足不断变化的作战目标。系统组成包含三个部分：空间段、控制段（任务控制及相关通信链路控制）和地面段，如图 6-13 所示。

（1）空间段

该卫星通信系统的星座计划由 6 颗卫星组成，位于地球同步轨道，系统建成后能够覆盖南北纬 65°之间的广大区域，卫星空间展开图如图 6-14 所示。卫星将采用 Lockheed Martin 公司现主要用于商业通信卫星的 A2100M 卫星平台。A2100M 卫星平台采纳了该公司以往获得成功的通信卫星平台优点，在 A2100 平台基础上开发的军用型中高轨通信遥感通用平台，采用模块化设计，经过军用标准加固。每颗星的质量约 6000kg，每颗星的通信能力约 400Mbit/s，总通信能力比军事星大 10 倍，数据传输速率将增加 25 倍，信道数量将增加 2～3 倍。这样的传输速率将允许战术军事通信系统传输准实时视频、战场地图和目标数据，卫星简要参数见表 6-4。

图 6-13　AEHF 卫星星座示意图

图 6-14　AEHF 卫星示意图

表 6-4　AEHF 卫星简要参数

国　　家	美　　国
类型/应用	通信卫星
操作人员	美国空军
制造者	洛克希德·马丁公司
结构	A2100M
推进力	IHIBT-4，4×XR-5Hall Current Thrusters
电池	2 组可重复使用的 5 段太阳电池阵列
寿命	14 年
质量	6168kg
轨道类型	GEO

AEHF 卫星有效载荷的轴长可达 32ft（1ft＝0.3048m），卫星太阳阵列电池板所在的轴长为 75.85ft。AEHF 卫星采用了相控阵天线技术、波束成形网络技术、毫米波单元技术和电推进系统等一些新技术，其中天线组成如图 6-15 所示。

为了满足战争的特殊需要，AEHF 卫星采用板箱式结构，带有 14 副通信天线，具体见表 6-5，包括：

•1 部上/下行收发共用（提供全球覆盖的）喇叭天线，可以为地球可视范围内提供低增益通信覆盖。

•2 部上/下行收发共用调零天线，波束宽度 1°，具有波束内自适应干扰抑制能力。

•1 部相控阵接收天线和 2 部相控阵发送天线，可产生波束宽度 1°的捷变点波束，2 部发射相控阵天线通过时分复用技术，波束数量可以增加到 24 个，波束覆盖灵活性也显著提升，可以对隐形飞机、巡航导弹等快速运动目标进行跟踪覆盖。

在两侧可展开桁架上安装的天线有：

•2 部口径为 6ft 的卡塞格伦天线，实现 V 频段的星间链路。

•6 部上/下行（装有平衡架的）收发共用可旋转碟形天线，可称为中分辨率覆盖天线（MRCA），每副天线可单独机械控制指向，可为海军、空军、特种部队大纵深分散机动作战提供关键的技术。

卫星上行和星间链路使用 EHF 频段，下行链路使用 SHF 频段。

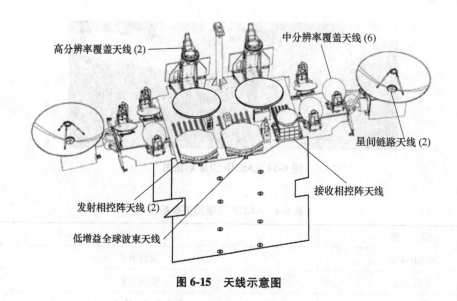

高分辨率覆盖天线 (2)

中分辨率覆盖天线 (6)

星间链路天线 (2)

接收相控阵天线

发射相控阵天线 (2)

低增益全球波束天线

图 6-15　天线示意图

表 6-5　AEHF 卫星天线

天线名称	说　　明	数量/副	特　　点
发射相控阵天线	超高频（SHF）频段下行相控阵天线	2	结合时分复用技术，波束数量可以增加到 24 个，灵活性较高
接收相控阵天线	极高频（EHF）频段上行相控阵天线	1	波束宽度为 1° 的捷变点波束
高分辨率覆盖天线	上/下行收发共用调零天线	2	自适应干扰抑制功能
中分辨率覆盖天线	上/下行收发共用可旋转蝶形天线	6	中分辨率天线，每副天线可单独机械控制指向
星间链路天线	V 频段（60GHz）星间链路天线	2	口径为 1.83m 的卡塞格伦天线
低增益全球波束天线	上/下行收发共用喇叭天线	1	提供全球范围低增益通信覆盖

　　AEHF 卫星采用的通信频段与 Milstar 相同，仍保持了 Milstar 扩频跳频、天线调零、星间链路、星上基带交换等特点。星上处理器采用全数字化，大量使用专用集成电路和单片微波集成电路，提高了有效载荷的集成度和性能，降低了质量和功耗。

　　（2）控制段

　　控制段主要包括 4 个部分：任务控制（载荷重构、卫星维护及重定位）；任务规划（规划网络，并在任务规划设备上生成用户终端图像）；任务及运作支持（任务规划辅助及资源分配，以及来自区域卫星通信支持中心的监控）；训练及仿真（支持控制段全生命周期及其演化全阶段的训练开发）。这些组成部分综合起来主要用于控制在轨的卫星，涉及监控卫星的健康状况，提供通信系统的计划和监控等。它必须有着较高的生存能力，既包括固定的，也包括移动的控制站。

　　（3）地面段

　　AEHF 系统能够提供机载、舰载、车载和便携终端，可以在任何时候提供世界范围内的军事应用，同时可以兼容现有的 Milstar 系列终端。具体包括移动抗干扰可靠战术终端、单载波抗干扰手持终端、超视距的先进终端系列、海军多频段终端、美国空军指挥部和林肯实验室开发的先进极高频通用系统试验终端以及潜艇高数据速率系统。

6.2.3.3　系统特点

（1）数据通信容量大

AEHF 卫星在 Milstar-Ⅱ低数据速率（LDR）载荷和中数据速率（MDR）载荷的基础上，增加了扩展数据速率（XDR）载荷，即能提供高数据速率传输服务，同时其覆盖区域范围也大大扩大了。该星单星通信速率从 Milstar-Ⅱ的 40Mbit/s 提高到 400Mbit/s，信道数量增加 2~3 倍。这样的传输速率可允许战术通信系统传输准实时视频、战场地图和目标数据。

AEHF 卫星用于战术通信数据速率是 8.192Mbit/s（Milstar-Ⅱ为 1.544Mbit/s），用于战略通信的数据速率是 19.2kbit/s，新系统在点波束数量上有近 10 倍增长，极大地提高了用户接入能力。同时，AEHF 卫星的点波束更小，功率更高，提高了通信的可靠性和数据速率，极大地降低了敌方侦听和干扰的可能性。Milstar 的星间链路通信速率为 10Mbit/s，而 AEHF 卫星可以达到 60Mbit/s，同时，AEHF 卫星的星间链路还增强了路由功能和抗干扰能力。

例如，见表 6-6，用 Milstar-Ⅰ传输"战斧"式巡航导弹的任务命令需要 100s，传输 1.1MB 大小的空中任务命令需要 1.02h，传输 1 幅侦察卫星拍摄的可见光图像（24MB）需要 22.2h；用 Milstar-Ⅱ传输只需花 0.16s、5.7s、2.07min；用 AEHF 卫星则仅用 0.03s、1.07s、23.6s。传送雷达图像通常需要更高的传输速率，如"全球鹰"无人侦察机拍摄的雷达图像，用 Milstar 传输需要 4 天多，用 AEFH 卫星只需 2min。

表 6-6　受保护卫星不同载荷速率比较

军事信息	LDR （2.4kbit/s）	MDR （1.544Mbit/s）	XDR （8.192Mbit/s）
"战斧"式巡航导弹的任务命令	100s	0.16s	0.03s
空军作战任务单	1.02h	5.7s	1.07s
军事作战图	22.2h	2.07min	23.6s

（2）战场生存能力强

卫星采用了星上基带处理、自适应多波束调零天线、抗核加固、EHF 频段扩频跳频、自主运行等技术，具有非常高的抗干扰、防侦听、防截获和生存能力，如图 6-16 所示。

AEHF 系统采用 EHF 频段能够获得较高的天线增益和低截获率。在 EHF 频段可以以较小的天线口径，获得较窄的波束。一方面可以提高天线增益、提高通信的可靠性和数据速率、减小地面终端的尺寸；另一方面降低了敌方侦听和干扰的可能性，增强了低截获性能。

AEHF 系统通过星间通信实现全球服务，减小了对地面支持系统的依赖程度，降低了地面控制站被破坏攻击的可能性。即便地面控制站被破坏，整个系统仍能自主工作半年以上。

（3）具备"动中通"能力

强大的"动中通"能力是先进极高频卫星最大的亮点，能够为战斗机提供高速宽带通信。据美国诺·格公司网站的信息，该公司于 2013 年 5 月 23 日成功完成了一次极高频卫星通信天线的实际通信验证，证实了它为 B-2 隐身轰炸机研制的一种新型有源相控阵保形 EHF 卫星通信天线能够与美国空军在轨的 AEHF 卫星进行通信。该新型天线能支持战略和战术任务，其创新的无透波罩设计使之能够在不影响 B-2 飞机主要作战性能的情况下，为该机带来新的通信能力。在验证过程中，诺·格公司还成功地验证了 EHF 频段的"扩展数据传输速

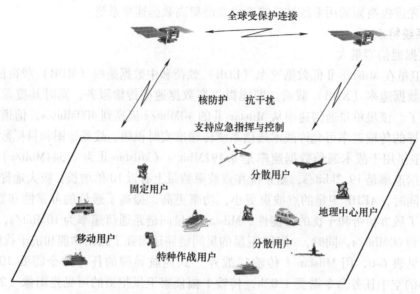

图 6-16　先进极高频卫星功能

率"通信——相当于把多条宽带通路进一步合并使用。这就可以保证 B-2 飞机始终能够利用 AEHF 卫星先进、安全的信号传输信息。通过换装 AEHF 卫星通信系统，B-2 隐身轰炸机能够以比原有卫星通信系统快得多的速率接收和传送战场信息。这样一来，它就能够在飞行中修改任务规划和为武器重新提供瞄准，并与其他飞机和地面部队进行更好的配合。

6.3　俄罗斯典型军事卫星通信系统

俄罗斯军事通信卫星起步早，拥有多个卫星通信系统，陆海空都拥有卫星通信终端，但是由于种种原因，数字化程度不高，功率小，其综合能力远低于美国等西方国家。俄罗斯的军事卫星通信系统包括静止轨道军事通信卫星、椭圆轨道军事通信卫星和"宇宙"系列军事通信卫星。

1. 俄罗斯静止轨道军事通信卫星

俄罗斯静止轨道军事通信卫星包括"虹"系列和"地平线"系列卫星，"虹"系列分为三代，俄罗斯"虹-1M"卫星是第三代国防通信卫星系统，2007 年、2010 年、2013 年分别发射了 1 颗该型号卫星，替代第二代"虹-1"卫星。该型号卫星传输能力强，使用 L、C、X 和 Ka 频段通信。星上载有多频段转发器，可以与地面移动基站进行可靠的通信，还可以为偏远地区提供稳定的通信服务。"虹"系列通信卫星主要面向俄罗斯政府高层官员用来进行战略通信。在军事应用方面，该卫星能够用来在俄军队和上级指挥中心之间进行通信，且能够通过部署在战场上的小移动终端传输信息。

2. 俄罗斯大椭圆轨道军事通信卫星

闪电号（Molniya）通信卫星是俄罗斯/苏联的军民两用大椭圆轨道通信卫星系列，由俄罗斯/苏联应用力学科研生产联合体研制，由俄罗斯/苏联航天部队负责运行管理，用于军事通信、民用通信、电视分发和多媒体业务。闪电号通信卫星系列属于苏联轨道通信卫星系统和国际卫星系统，当时主要用于向苏联全国转播电视广播节目，进行电话、电报、传真通信和实现国际通信及电视广播节目交换，也可用于军事通信。

苏联从 20 世纪 60 年代初开始发展 Molniya 卫星系统，发展了三代，共发射 175 颗卫星，其中 3 颗发射失败。闪电号卫星绝大多数运行在偏心率很大的椭圆轨道上，便于地球站跟踪。1 颗卫星能保证苏联和北半球许多国家在一天内通信 8~10h。3 颗分布适当的卫星可实现昼夜通信。1974 年 7 月改装的 1 颗闪电 I 号卫星被送入地球静止卫星轨道，成为苏联第一颗静止轨道试验通信卫星，也是闪电号卫星系列中唯一的静止卫星。

（1）第一代闪电号（Molniya-1）通信卫星

Molniya-1 卫星发射质量 1600kg，功率 460W，三轴稳定，设计寿命两年，用于 C 和 Ku 频段的军事及政府通信，1964 年 8 月 22 日首颗 Molniya-1 卫星成功发射，如图 6-17 所示。后来的 Molniya-1T 卫星发射质量 1600kg，功率 930W，设计寿命两年，卫星装有 1 路 40W 功率的 X 频段转发器，主要用于军事通信业务，1976 年 1 月 22 日第一颗 Molniya-1T 卫星发射。截至 2004 年 2 月 18 日，第一代 Molniya 卫星共成功发射 97 颗。

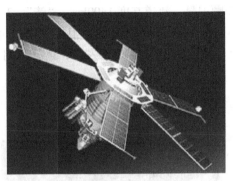

图 6-17 Molniya-1 卫星

（2）第二代闪电号（Molniya-2）通信卫星

Molniya-2 卫星采用库尔-2（KAUR-2）平台，发射质量 1700kg，功率 960W，如图 6-18 所示。加压的三轴稳定姿态控制，具有 6 个非铰接的太阳电池阵列，在阳光指向模式下运行。天线安装在两个伸缩臂上并且是可动的，每个天线具有光学跟踪系统，该系统提供信息以将两个天线中的一个指向地球。Molniya-2 卫星主要通过 Orbita-2 地面站进行政府通信，有效载荷由两个由 MNIIRS 开发的中继器组成，工作在 C 频段（上行频率 6GHz，下行频率 4GHz），主要用于民用通信。部分卫星，从 Molniya-1-3 开始，会携带一个额外的

图 6-18 Molniya-2 卫星

由两个黑白电视摄像机组成的称为 Berkut 的地球观测有效载荷，后来也变为彩色电视摄像机，这种有效载荷用于气象学，也用于编制预警系统。第二代 Molniya-2 卫星于 1971 年 11 月 24 日首发，至 1979 年 1 月 18 日共成功发射 20 颗。

（3）第三代闪电号（Molniya-3）通信卫星

第三代有 Molniya-3 和 Molniya-3K 两个型号，Molniya-3 卫星采用 KAUR-2 平台，发射质量 1740kg，功率 1000W，设计寿命 3 年，主要用于国内及国际民用通信及电视分发业务，如图 6-19 所示。卫星装有功率为 40W 和 80W 的 3 路 C 频段转发器，带宽 50MHz，配有 30W 功率的 TWTA，上行频率 5.975~6.225GHz，下行频率 3.650~3.900GHz，圆极化。4 颗 Molniya-3 卫星组网运行，可支持底面直径 12m 的抛物面接收天线，Molniya-3 卫星于 1974~2003 年共成功发射 54 颗。Molniya-3K 卫星发射质量 1740kg，功率 1470W，设计寿命 5 年，

为俄罗斯军方及政府部门提供 C 和 Ku 频段通信及多媒体业务。其改进型 Molniya-3K 卫星首发于 2001 年 7 月 20 日，随后又在 2005 年 6 月 21 日进行了一次发射，但因火箭故障星箭俱毁。此后，Molniya 卫星逐渐被新一代的"子午线"（Meridian）卫星取代。2017 年，俄罗斯军方推进 HEO 轨道的"子午线"卫星进行更新换代。

3. 俄罗斯低轨道军事通信卫星

俄罗斯中低轨道的卫星是"箭"（Strela）系列卫星，如图 6-20 所示。该系列的卫星是苏联最早研制的通信卫星之一，是军用存储转发卫星。整个星座包含部署在两个轨道面的 12 颗卫星，轨道高度 1400km。"箭"-3 卫星作为战术通信卫星，主要用于在外围站点和中心站点之间传输电报信息。卫星工作在间隔 90° 的两个轨道面上，每个轨道面有 8～12 颗卫星，轨道高度在 1400km 左右，运行周期 115min。

图 6-19　Molniya-3 卫星

图 6-20　Strela 系列卫星

6.4　英国、法国和意大利典型军事卫星通信系统

欧洲主要军事通信卫星包括英国"天网-5"军事通信卫星、北约第四代军事通信卫星、法国和意大利"雅典娜-费多思"。

1. 英国"天网"（Skynet）军事通信卫星

"天网"是英国军事通信卫星系统的总称。20 世纪 60 年代中期，英国国防部开始研制"天网"军事通信卫星系统。该系统自 1969 年 11 月 22 日由美国的"德尔塔"运载火箭发射天网-1 卫星以来，一共发射了天网-2、天网-4 和天网-5 系列卫星 11 颗。2008 年 6 月 13 日，英国国防部第五代"天网"军事通信卫星系统的最后一颗卫星"天网-5C"，在法属圭亚那库鲁航天发射场由阿里安-5 运载火箭顺利发射升空，这标志着天网-5 卫星系统完成组网。

（1）天网-2 卫星

天网-2 卫星主体呈圆柱形，侧表面覆盖太阳电池，采用自旋稳定系统，质量约 243kg，在美国菲力克-福特公司协助下由马可尼公司制造，星载设备可提供 20MHz 和 2MHz 两路通信信道，其目的之一是为当时驻中国香港的英军提供通信服务。后来，天网-1B 和 2A 卫星接连发射受挫，而且当时英国军队从中东等地撤军，军事通信需求明显减少，加之天网-2B卫星和众多地面站的维持费用相对较高，因此 1975 年英国国防部被迫取消了自行研制天网-3 卫星系统的计划，改租美国"国防卫星通信系统"（DSCS）和北约"纳托"（NATO）军事通信卫星。

（2）天网-4 卫星

1988 年 12 月 11 日，第四代"天网"系统的首颗卫星——天网-4B 在圭亚那库鲁航天发射场由阿里安-4 运载火箭发射升空，并成功点于 1°W 的大西洋赤道上空，这是英军首次将"天网"卫星定位于大西洋上空。

天网-4 卫星系统由 3 颗卫星组成，主要以美国的"国防卫星通信系统"为样本仿制而成，卫星升空后分别定点于 1°W、6°E 和 53°E。其发展历程可分为两个阶段：第一阶段（1988~1990 年）共发射了 3 颗普通型卫星——天网-4A、4B 和 4C；第二阶段（1998~2001 年）共发射了 3 颗增强型卫星——天网-4D、4E 和 4F。

（3）天网-5 卫星

英国国防部曾计划在 2005 年发射首颗天网-5 卫星，以替代即将服役期满的天网-4 卫星，但由于受到英、法、德"三国军事卫星通信"（Trimilsatcom）计划（总费用约为 26 亿美元，由 3~4 颗卫星组成）的影响，天网-5 计划曾一度中止；然而"三国军事卫星通信"计划最终因经费等一系列问题未获批准，于是英国重新启动了天网-5 卫星系统计划，并于 2007 年进行了首次发射。天网-5 卫星系统开辟了英国军事通信的新时代，它是目前在轨 X 频段通信卫星中容量最大的。天网-5 是英国的先进军事卫星通信系统，由阿斯特留姆公司研制，采用 EUROSTA-3000S 卫星平台，设计寿命 15 年，使用 X 频段，其容量是同频段在轨通信卫星中最大的。天网-5 卫星质量为 4635kg，体积为 $4.5 \times 2.9 \times 3.7 \text{m}^3$，太阳电池帆板展开后达 34m，整星功率 6kW，载荷功率 4.5kW。星上转发器具有抗干扰和抗毁能力。天网-5 卫星系统提供加密语音和数据通信，实现英国陆海空三军的所有平台及所有人之间的实时通信，该系统还与美国的"国防卫星通信系统"互连互通。

天网-5 卫星系统主要包括 4 个部分：①空间部分，由 2 颗工作星和 1 颗备份星构成；②管理部分，为卫星的正常运营提供各项业务支持；③地面部分，包括英国本土 3 个地面站和海外 5 个地面站；④地面终端，包括"延伸者"（Reacher）战术终端和"舰载通信终端"（SCOT）。

在欧洲军事通信领域中，英国"天网"一直占据着"欧洲通信"的主导地位。特别是新一代"天网"卫星系统采用的混合多址（如码分多址）、星上处理和多波束天线覆盖等现代通信的高新技术，使得英军在信息化作战能力和全球机动作战保障能力得到了进一步提升。

2. 北约第四代军事通信卫星

北约第四代军事通信卫星简称 NATO IV。NATO IV 是一组服务于北约组织和英国国防部的通信卫星系统。NATO IV 卫星是参照 Skynet-4 卫星的技术标准设计的。NATO 卫星系统由 2 颗通信卫星、卫星若干地面终端（SGT, Satellite Ground Terminal）、2 个控制中心和在意大利 Latina 的 NATO 学院部分共同构成。海军船只使用 NATO 卫星并加入 NATO 扩频网络，NATO SGTs 可以为海军提供通信服务。NATO IV-A 卫星工作在 SHF 和 UHF 频段。SHF 转发器提供 4 条信道，UHF 转发器提供 2 条信道。NATO IV-A 提供点波束和全球波束覆盖，以实现对地面所有信关站和海上船只的全面覆盖。SHF 覆盖区包括加拿大东部、大西洋、北非一部分、欧洲和格陵兰的东南部（大约西经 80°到东经 60°，北纬 75°到南纬 25°）。UHF 覆盖了美国东部、大西洋、南美洲、非洲和格陵兰的绝大部分（大约西经 90°度到东经 60°，北纬 75°到南纬 75°）。第一颗 NATO IV 卫星 NATO IV-A 在 1991 年发射，第二颗卫星 NATO IV-B 在 1993 年发射。NATO IV-A 为北约组织成员国和军队之间提供安全的军事和外交通信。这些卫星配置了 UHF 频段、X 频段和 C 频段通信设备。NATO IV-A 在西经 18°，NATO IV-B 在东经 6°。

3. 法国和意大利"雅典娜-费多思"

在发展新一代军事通信卫星方面，法国与意大利选择了国际合作的方式，并且开始向 Ka 频段迈进。"雅典娜-费多思"（Athena-FIDUS）全称为"欧洲联军战场接入——法意军民两用卫星"，是面向网络中心战场而发展的军事通信卫星，支持陆、海、空各类作战平台和应用。Athena-FIDUS 卫星的整星容量达到 3Gbit/s，与美军的 WGS 接近。采用 Spacebus-4000B2 平台，整星质量 3.4t，整星功率 4.9kW，设计寿命 15 年。意大利还计划建设与美国和北约独立的军事卫星通信系统，并于 1996 年启动了"锡克拉"计划，该计划全称为"意大利保密通信与告警系统"，采用极高频（EHF），提供战略和战术通信服务。锡克拉-2 卫星采用多波束切换天线、数字信道化处理和多端口放大技术，实现了在空间、频率和功率等资源的灵活配置。

习　题

1. AEHF 系统由＿＿＿＿＿＿、＿＿＿＿＿＿和＿＿＿＿＿＿组成。
2. WGS 卫星采用带宽较大的＿＿＿＿＿＿频段与＿＿＿＿＿＿频段。
3. MUOS 是世界上第一型采用了＿＿＿＿＿＿的窄带军事卫星通信系统。
4. 美军窄带卫星通信系统使用＿＿＿＿＿＿频段。
5. 美军受保护卫星通信系统使用的是＿＿＿＿＿＿频段。
6. 美军受保护系统强调的是哪两个特点？
7. 美军的军事卫星通信系统分为哪三类？
8. 美军受保护系统发展了三代，分别是哪三代？
9. 目前美军军事卫星通信的宽带业务主要由哪三大系统提供？
10. 简述美军宽带卫星通信系统的特点。
11. 简述美军窄带卫星通信系统的特点。
12. 简述美军受保护卫星通信系统的特点。
13. 简述美军军事卫星通信体系的特点和趋势。

附 录

缩略语

缩略语	英 文 全 称	中 文 释 译
ITU	International Telecommunication Union	国际电信联盟
FSS	Fixed Satellite Service	卫星固定业务
MSS	Mobile Satellite Service	卫星移动业务
BSS	Broadcasting Satellite Service	卫星广播业务
ISS	Intersatellite Service	卫星星间业务
DC	Down Converter	下变频器
GEO	Geosynchronous Equatorial Orbit Geostationary Orbit	对地静止轨道
GSO	Geosynchronous Orbit	地球同步轨道
HEO	Highly Elliptical Orbit	高椭圆轨道
HPA	High Power Amplifier	高功率放大器
IGSO	Inclined Geosynchronous Orbit	倾斜地球同步轨道
LEO	Low Earth Orbit	低地球轨道
LNA	Low Noise Amplifier	低噪声放大器
MEO	Medium Earth Orbit	中地球轨道
TT&C	Tracking Telemetry and Command System	跟踪、遥测指令系统
UC	Up Converter	上变频器
VSAT	Very Small Antenna Terminal	甚小口径终端
EIRP	Effective Isotropic Radiated Power	有效全向辐射功率
PFD	Power Flux Density	功率通量密度
SNR	Signal Noise Ratio	信号-噪声功率比
NF	Noise Figure	噪声系数
TEM	Transverse Electromagnetic Mode	横向电磁波模
RHCP	Right Hand Circular Polarized	右旋圆极化

（续）

缩略语	英 文 全 称	中 文 释 译
LHCP	Left Hand Circular Polarized	左旋圆极化
TEC	Total Electron Content	电子总含量
XPD	Cross-Polarization Discrimination	交叉极化鉴别
IBO/IPBO	Input Backoff	输入补偿/输入回退
OBO/OPBO	Output Backoff	输出补偿/输出回退
SFD	Saturated Flux Density	饱和通量密度
PCM	Pulse Code Modulation	脉冲编码调制
CCITT	International Consultative Committee on Telecommunications and Telegraph	国际电报电话咨询委员会
DPCM	Differential Pulse Code Modulation	差分脉冲编码调制
ADPCM	Adaptive Differential Pulse Code Modulation	自适应差分脉冲编码调制
DM	Delta Modulation	增量调制
LPC	Linear Predictive Coding	线性预测编码
RPE-LTP	Regular Pulse Excitation-Long Term Prediction	规则脉冲激励长时预测
CELP	Code Excited Linear Prediction	码本激励线性预测
VSELP	Vector Sum Excited Linear Prediction	矢量和激励线性预测
MBE	Multi-Band Excitation	多带激励
MELP	Mixed Excited Linear Prediction	混合激励线性预测
JPEG	Joint Photographic Experts Group	联合图像专家组
ISO	International Organization for Standardization	国际标准化组织
MPEG	Moving Picture Experts Group	动态图像专家组
VHS	Video Home System	视频家用系统
DVB-S	Digital Video Broadcasting-Satallite	卫星数字视频广播
DCT	Discrete Cosine Transform	离散余弦变换
ARQ	Automatic Repeat-reQuest	自动重传请求
FEC	Forward Error Correction	前向纠错
HEC	Hybrid Error Correction	混合纠错
BLER	Block Error Rate	误块率
BER	Bit Error Rate	误比特率
CCSDS	Consultative Committee for Space Data Systems	国际空间数据系统咨询委员会
LDPC	Low Density Parity Check	低密度奇偶校验
AWGN	Additive White Gaussian Noise	加性高斯白噪声
ASK	Amplitude hift Keying	幅移键控
FSK	Frequency Shift Keying	频移键控
PSK	Phase Shift Keying	相移键控
APSK	Amplitude Phase Shift Keying	幅相联合键控
DSSS	Direct Sequence Spread Spectrum	直接序列扩展频谱

（续）

缩略语	英 文 全 称	中 文 释 译
FH	Frequency Hopping	跳频
FDMA	Frequency Division Multiple Access	频分多址
TDMA	Time Division Multiple Access	时分多址
SDMA	Space Division Multiple Access	空分多址
CDMA	Code Division Multiple Access	码分多址
SCPC	Single Channel Per Carrier	单路单载波
MCPC	Multiple Channel Per Carrier	多路单载波
TWTA	Travelling-Wave Tube Amplifier	行波管放大器
SSPA	Solid-State Power Amplifier	固态功率放大器
AM-PM	Amplitude Modulation-Phase Modulation	调幅调相
UW	Unique Word	独特码
SORF	Start Of Receiving Frame	接收帧起始
SOTF	Start Of Transmitting Frame	发送帧起始
BPSK	Binary Phase Shift Keying	二进制相移键控
QPSK	Quadri Phase Shift Keying	四相相移键控
PN	Pseudo-Random Number	伪随机序列
MSK	Minimum Shift Keying	最小频移键控
PA	Pre-Assignment	预分配
FPA	Fixed Pre-Assignment	固定预分配
DA	Demand Assignment	按申请分配（按需分配）
CSC	Common Signaling Channel	公用传信通道
RA	Random Assignment	随机分配
OFDM	Orthogonal frequency division multiplexing	正交频分复用技术
P-ALOHA	Pure-Additive Links On-line HAWAI	纯 ALOHA
S-ALOHA	Slot-Additive Links On-line HAWAI	时隙 ALOHA
R-ALOHA	Reservation-Additive Links On-line HA WAI	预约 ALOHA
MUOS	Mobile User Objective System	移动用户目标系统
AEHF	Advanced Extremely High Frequency	先进极高频
UFO	Ultra-high Frequency-follow-on Satellite Communication System	特高频后继卫星通信系统
DISN	Defense Information Switched Network	国防信息交换网络
OVSF	Orthogonal Variable Spreading Factor	正交可变扩频因子
U2B	User-to-Base	用户到基站
B2U	Base-to-User	基站到用户
RAF	Radio Access and Switching Facility	无线接入和交换设备
WCDMA	Wideband Code Division Multiple Access	宽带码分多址
DSCS	Defense Satellite Communications System	国防卫星通信系统

（续）

缩略语	英　文　全　称	中　文　释　译
WGS	Wideband Global SAT COM System	宽带全球卫星通信系统
GBS	Global Broadcast Services	全球广播业务
WGS	Wideband Gap Filler Satellite	宽带填隙卫星
DTO	Digital Transponder Operator	数字转发器操作
LDR	Low Data Rate	低数据速率
MDR	Medium Data Rate	中数据速率
XDR	Extended Data Rate	扩展数据速率

参 考 文 献

［1］ 吕海寰，等. 卫星通信系统（修订本）［M］. 北京：人民邮电出版社，2003.

［2］ 张更新，等. 卫星移动通信系统［M］. 北京：人民邮电出版社，2002.

［3］ 张洪太，等. 卫星通信技术［M］. 北京：北京理工大学出版社，2018.

［4］ 易克初，等. 卫星通信的近期发展与前景展望［J］. 通信学报，2015，36（6）：4-8.

［5］ LOUIS J, IPPOLITO JR. 卫星通信系统工程［M］. 孙宝升，译. 北京：国防工业出版社，2012.

［6］ 张洪波. 航天器轨道力学理论与方法［M］. 北京：国防工业出版社，2015.

［7］ 黄圳圭. 航天器姿态动力学［M］. 长沙：国防科技大学出版社，1997.

［8］ 郝岩. 航天测控网［M］. 北京：国防工业出版社，2004.

［9］ 朱振才，等. 微小卫星总体设计与工程实践［M］. 北京：科学出版社，2019.

［10］ 濮迪. 卫星通信运行控制系统体系结构研究［J］. 无线互联科技，2016，6（12）：16-18.

［11］ 王士成. 卫星运行控制系统混合架构模式研究［J］. 无线电工程，2013，43（3）：1-3.

［12］ 吴家安. 现代语音编码技术［M］. 北京：科学出版社，2008.

［13］ 张旭东，等. 图像编码基础和小波压缩技术——原理、算法和标准［M］. 北京：清华大学出版社，2004.

［14］ 张杭，等. 数字通信技术与应用［M］. 北京：人民邮电出版社，2008.

［15］ LINS, COSTELLO D J. 差错控制编码［M］. 晏坚，等译. 北京：机械工业出版社，2007.

［16］ 樊昌信. 通信原理［M］. 北京：国防工业出版社，2013.

［17］ 田日才. 扩频通信［M］. 北京：清华大学出版社，2014.

［18］ 罗迪. 卫星通信［M］. 张更新，等译. 北京：人民邮电出版社，2003.

［19］ 汪春霆，等. 卫星通信系统［M］. 北京：国防工业出版社，2012.

［20］ 林卫民. 信息化战争与卫星通信［M］. 北京：解放军出版社，2005.

［21］ 续欣，等. 卫星通信网络［M］. 北京：电子工业出版社，2018.

［22］ 陈亮. 美国军事卫星通信系统发展研究［J］. 通信技术，2014，47（4）：354-358.

［23］ 朱贵伟. 2014 年国外军用卫星通信系统现状分析［J］. 国际太空，2015（5）：51-60.

［24］ 张春磊. 美军"移动用户目标系统"与"特高频后继"卫星性能对比分析［J］. 国际太空，2015（4）：46-50.

［25］ 林飞，祝彬，陈萱. 美国"宽带全球卫星通信系统"［J］. 中国航天，2013（12）：14-17.

［26］ 崔川安，刘露露. 美军的宽带全球卫星通信系统［J］. 数字通信世界，2012（9）：50-52.

［27］ 朱贵伟. Ka 频段军事卫星通信应用［J］. 卫星应用，2015（7）：10-14.

［28］ 黄晓华. 2020 军事卫星通信发展研究［J］. 空间电子技术，2012（1）：1-5.

［29］ 袁飞，文志信，王松松. 美军 EHF 卫星通信系统［J］. 国防科技，2010（6）：22-26.

［30］ 刘旭，李为民. 美俄军事卫星系统发展现状与趋势［J］. 国防科技，2015（2）：43-48.

［31］ 张炎，宋战锋. 英国"天网"军用卫星通信系统［J］. 国际太空，2009（1）：14-20.

［32］ 朱贵伟. 意大利部署新一代军用通信卫星［J］. 国际太空，2015（7）：43-46.

［33］ 柴焱杰，孙继银，李琳琳，等. 卫星通信抗干扰技术综述［J］. 现代防御技术，2011（3）：113-117.

［34］ 朱立东. 国外军事卫星通信发展及新技术综述［J］. 无线电通信技术，2016，42（5）：1-5.

［35］ 王煜. 美军军事通信卫星现状及未来发展思路分析［J］. 无线电工程，2018，48（4）：329-334.

［36］ 陈求发. 世界航天器大全［M］. 北京：中国宇航出版社，2012.

［37］ 张娟. 航空航天科学知识［M］. 沈阳：辽海出版社，2008.

［38］ YU A. The Status and Future Development Idea of US Military Satellite Communication［J］. Radio Engineering, 2018, 48（4）：329-334.